安第斯高原上的土豆田（秘鲁库斯科省钦切罗村，海拔约 3 800 米）。
1 月到 3 月左右，在位于秘鲁的安第斯高原，这样的土豆花田随处可见。

克丘亚原住民在收获土豆（秘鲁库斯科省马卡帕塔村）。一块田里混栽着 10 ~ 20 个土豆品种。

都柏林的土豆大饥荒纪念碑（爱尔兰）。它表现了因缺乏食物而瘦弱不堪的人们蹒跚而行的样子。

梵高《吃土豆的人》（1885年，梵高美术馆藏）。油画，82 cm × 114 cm。这幅作品力求用“沾着土的土豆色”来表现人们的面色。

土豆的世界史

文明、饥荒与战争

[日]山本纪夫——著
林枫——译

* 本书中未标明出处的照片均由本人拍摄。

* 原则上，书中引用文章都将古文改成现代文。

前言

◇◇◇◇◇◇◇◇◇◇◇◇◇◇◇◇

追寻土豆与人类谱写的壮丽史诗

“薯芋”这个词在日本人心中并没有什么好印象。比如，有人当面说“你这芋头”时，你肯定开心不起来，可能还会暴跳如雷。因为“薯芋”这个词自带一种“粗糙土气”或是“乡巴佬”的意味。或许是出于这个原因，不少人会觉得，比起谷类农作物，薯芋类农作物只能算是二流的食物。

然而，薯芋类农作物之一——土豆的栽培面积仅次于小麦、玉米和水稻，是位居世界第四的重要农作物。它在全世界获得广泛种植，几乎没有国家不栽培土豆。然而，它能达到今天的高度也经历了一段漫长的岁月，可谓命运多舛。不为别的，只为欧洲等地也像日本一样，一度把土豆当成了二流农作物。还有国家把它视为“恶魔的植物”“圣书上都没记载的植物”而十分忌讳。因此，很长一段时间里土豆都因偏见，未被作为食物而受到应有的关注。

这种偏见不仅发生在普通人中，也存在于研究者中。比如，薯芋类和谷类农作物从古代开始就支撑着人类的生存，但很少有人类史研究者把注意力放在薯芋类农作物的贡献上，基本都是以谷类农作物为中心展开思考。大概是由于这个原因，历史学者和考古学者常把谷类农作物作为农耕文明的基础，甚至还有研究者认为："薯芋类的东西怎么可能孕育出文明？"那这种想法到底对不对呢？

我之所以会产生这种疑问，还得追溯到40年前，1968年我初次到访安第斯高原的时候。那年，我加入了京都大学的安第斯栽培植物调查队。为了寻找原产于新大陆的栽培植物，我们驱车在秘鲁与玻利维亚等国所在的安第斯高原一带转悠了半年。以土豆为首，番茄、辣椒等植物的原产地都在安第斯高原。为了探寻它们的起源，我们对不同栽培植物的品种和野生种进行了调查。

虽说调查的是栽培植物与它们的野生种，但没想到，我们兜兜转转经过的地域恰好是代表了安第斯文明的印加帝国曾经兴盛过的地方。因此，我们也亲眼见到了散落在安第斯高原的遗迹，它们来自印加时代以及许多更早期的繁荣时代。我们甚至还在安第斯高原上目睹了通称为"印加后裔"的原住民农耕时的场景。

正是在对安第斯高原的考察途中，我开始对"谷类农作物孕育了文明"这一说法产生了怀疑。提到安第斯的代表性谷类农作物，应属玉米，但当地玉米的栽培规模并没有我们预想的那么大。尤其当海拔超过3000米时，玉米田越来越稀疏，随着海拔上升，玉米最终消失了踪影，而主要栽培的是以土豆为主的薯芋类农作物。并且，我们在旅途中偶尔看见的原住民也不以玉米为主食，而是土豆。从这些观察来看，我产生了一个设想：至少在安第斯高原，土豆才是支撑人类生活的农作物，而非原产于中美洲的玉米。

为了验证这个设想，我曾持续进出安第斯高原。到20世纪70年代后期为止，几乎每年我都会去一趟。相应地，我的研究方向从之前的植物学转到了民族学（文化人类学），因为我想更深入地了解生活在安第斯高原的人与土豆的关联。从 1978 年到 1987 年，我频繁出入曾经的印加帝国中心——库斯科地区的一座村庄，总共跟那里的农民一起生活了两年，同时进行了各项调查。最终我确信，土豆才是改变安第斯高原人民生活的决定性农作物。

然而，仅凭在安第斯高原获得的资料，我的这份确信还是不够有说服力。因此，我暂时离开安第斯高原，想去了解一下喜马拉雅山脉地区夏尔巴人的生活，在那里，土豆是公认的主要栽培农作物。不过遗憾的是，只有文献资料，还是不能清楚地了解土豆与人类生活到底有什么关联。于是，我决定亲自组队调查，从 1994 年开始的三年间，我与十多名研究伙伴一起在尼泊尔的喜马拉雅地区进行了调查。此项调查结果表明，土豆对夏尔巴人来说也是不可或缺的粮食。我还了解到，土豆的引进给夏尔巴人带来了巨大的变化，甚至能称得上是“土豆革命”。

知晓了上述两地的人民与土豆的密切关联之后，我想进一步了解土豆与人类更深层的关系：土豆是怎么诞生于安第斯高原的，土豆的诞生给安第斯人民带来了何种影响，以及土豆是怎么从安第斯高原传遍全世界的。还有，土豆的普及给世界各地人民的生活带来了怎样的影响，是否产生过戏剧性的故事。

尼泊尔之行后，我又去了中国西藏，还有非洲、欧洲的相关地区，追寻土豆与人类的渊源。近年来，我还时不时会造访日本的北海道、青森等地，调查日本人与土豆的关系。就这样，我收获了一部土豆与人类谱写出的壮丽“史诗”。

在本书中，我将调查结果与从文献中获得的资料归纳到一起，以期阐明土豆与人类生活的关联。各位若能通过本书了解到土豆那些不为人知的重大贡献，实属我的荣幸。

目录

第1章

土豆的诞生——从野生种到栽培种

野生的土豆。请比较一下块茎和左边烟盒的大小。

野生土豆

除了田地里栽培的土豆，大自然中还有野生的土豆。前者叫栽培种，后者叫野生种。我第一次亲眼见到土豆的野生种是在距今（2008 年）40 年前的 1968 年 12 月，地点是在靠近秘鲁与玻利维亚国境的的的喀喀湖畔地区。的的喀喀湖的湖面比富士山顶还要高，海拔高达 3 800 多米，是世界上海拔最高的可供大型船只通行的湖。湖畔四周散布着茅草建成的农家，还有用以种植土豆等农作物的广阔农田。

那天我们乘着全轮驱动车奔驰在田间。12 月正当雨季，道路湿滑，不用全轮驱动车根本寸步难行。这种状态下，我们一边紧握方向盘与泥泞的路况“搏斗”，一边驱车前进，农田周边有种植物忽地跃入眼帘，引起了我们的注意。它看起来像野草，却开着土豆那样紫色的花。可要说是土豆，这株植物未免也太小了。于是，我们停下车仔细观察起来，虽然这株植物真的很小，但从叶子的形状到植物整体的样貌都非常接近土豆。尤其是那惹人怜爱的紫色小花，怎么看都和土豆的花一模一样。保险起见，我们把这株植物从根部刨出来看了看，它真的结着小指尖那么大的块茎。小归小，但毫无疑问这就是土豆的野生种。

后来，我们多加留意之后发现，包括的的喀喀湖在内，安第斯高原随处可见土豆的野生种。它们在几乎不降雨的旱季里都枯死了，所以很难发现其踪影，而到了雨季，以这些可爱的花为标记，我们很快就能发现它们。不仅在农田周围，很多野生种还会像野草一样生长在路边或农家附近，甚至会“入侵”到印加时代建造的神庙或古墓里。

不论哪个野生种都结着小指那么大的块茎。但据当地人说，野生土豆含毒，完全不能吃。我们都知道土豆芽有毒，不能吃，而野生种也含有大量与之相同的有毒物质——茄碱。因此，当地人取了“人类不吃这种东西”的意思，称这些野生土豆为“狐狸的土豆”。

土豆的原产地，的的喀喀湖畔的风景。后方为玻利维亚一侧的安第斯山脉。

每当把玩着这些小指大小而又含毒的野生土豆，我的脑中都会浮现出一个疑问：安第斯人民是怎么把这么小而且有毒的薯芋类植物培养成后来那种了不起的农作物的呢？实际上，正是这个疑问令我日后对土豆产生了浓厚的兴趣。同时，也是因为当时在京都大学农学部念书的我对原产于安第斯地区的栽培植物的起源有着浓厚的兴趣，才会以学生身份组织了安第斯调查队，并邀请教官加入，于 1968 年造访了安第斯地区。本书开头所说的的的喀喀湖畔的旅程也是那次调查的一环。

土豆的故乡

在植物学上，土豆与番茄、烟草、辣椒以及茄子等同为茄科植物，归于茄属。茄属的植物非常多，已知的就有 1500 多种，其中约 150 种带有块茎，也就是土豆的同类。然而说是同类，其实它们大部分都是野生种，人们已知的栽培种只有 7 种。而且，这 7 种里在世界范围内广泛栽培的仅有 1 种，剩余的全都只分布在安第斯高原。

另外，野生种的分布非常广，北起落基山脉南至安第斯山脉最南端的巴塔哥尼亚，跨越了整个美洲大陆。在高度上，从海岸地带到海拔 4500 米的高原也都有它们的身影。不过，野生种也分土豆的近亲和远亲，近亲全都集中在秘鲁到玻利维亚的安第斯高原。这个事实充分说明，以的的喀喀湖畔为中心的安第斯高原才是土豆的故乡。

那么，安第斯高原究竟是怎样的一块土地呢？首先让我来介绍一下安第斯山脉。其实，安第斯高原是安第斯山脉中一块比较特殊的地域，位于安第斯山脉中段的高原地带。

南美大陆与安第斯山脉。①

安第斯山脉是南美大陆太平洋沿岸的一条狭长的山脉，南北约 8000 千米，是地球上最长的大山脉，而且很多高峰都超过了海拔 6000 米。虽然高度不及喜马拉雅山脉，但长度却达到了前者的 3 倍，实在是又高又长。由于跨度大，我们一般把安第斯山脉分成三个地域，即安第斯山脉北段、安第斯山脉中段，还有安第斯山脉南段。安第斯山脉北段大部

① 书中地图系原文插附地图。——译者注

分在赤道以北，一路途经委内瑞拉、哥伦比亚、厄瓜多尔等国家。安第斯山脉中段包括跨越秘鲁与玻利维亚的山岳地带，由此向南，穿过智利、阿根廷国境的就是安第斯山脉南段。

安第斯山脉跨过赤道纵贯南北，所以它的环境会因纬度而出现很大变化。能明显反映这种情况的就是冰河与万年积雪，即雪线的高度。厄瓜多尔或秘鲁这类低纬度地区的雪线在海拔 5000 米上下，但位于安第斯山脉最南端的巴塔哥尼亚，其雪线连海拔 1000 米都不到，有的地方冰河甚至会直接倾泻入海。

一般来说，纬度越低气温越高。因此，低纬度地区就属于热带或亚热带。安第斯山脉北段与安第斯山脉中段就是低

安第斯山脉最南端的巴塔哥尼亚，由于纬度很高，冰河直接倾泻入海。

纬度地带，这两块地区经常会被称为“热带安第斯”。然而，那里与一般日本人想象中的热带又是大相径庭的。因为那里处于高度差达 6000 米的山岳地带，在海拔较高的地方，甚至可以同时看见高山草原带和冰雪地带（见图 1-1）。

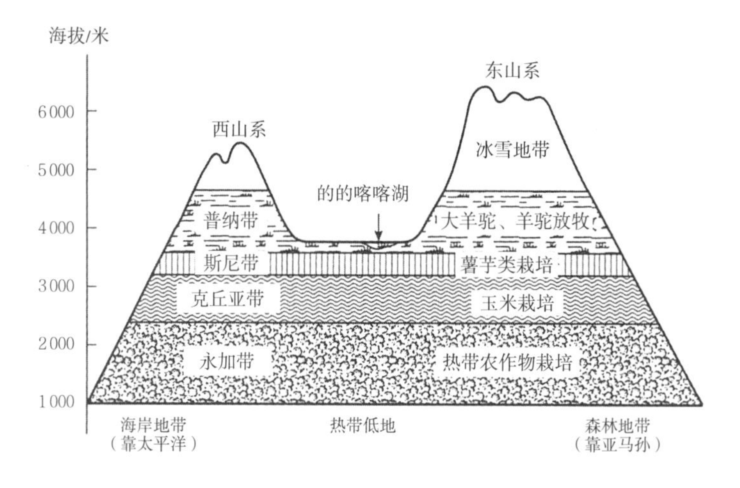

图 1-1　安第斯山脉中段的环境及其利用情况。左边为当地原住民用以区分环境的名称。比如，普纳带指的是高山草原地带。

安第斯山脉北段与安第斯山脉中段处于低纬度地带，这在很多方面就具有了重要的意义。之前我们介绍过，海拔 3800 多米的的的喀喀湖畔分布着农家与农田，尽管处于高原，但纬度低，所以终年比较温暖。因为这里存在人类的生产活动，这对我们之后即将提到的“土豆的诞生”也起到了决定性的作用。

还有一个促成安第斯高原诞生土豆的因素是当地的环境条件。科学家发现，安第斯高原的块茎植物本来就数量众多。

当地的季节其实分成经常降雨的雨季和缺乏雨水的旱季，这对块茎植物的出现有着很大影响。因为长期的旱季不利于植物生长，而能适应干燥环境的其中一种植物生态型就是在地下的茎或根里储藏养分。

实际上，安第斯高原有很多种块茎植物。除了土豆所属的茄科，酢浆草科、落葵科、旱金莲科以及十字花科等也属块茎植物。而且，不仅是野生种，人们还知道它们的栽培种。这些都表明安第斯人民长期以来都在食用薯芋类植物。

什么是栽培化

土豆的野生种是怎么变为栽培种的呢？关于这一点，我们必须预先了解一个知识：不仅是土豆，我们日常食用的"栽培植物"也全都是人类培植出来的。但这里说的栽培植物并不单纯是"人类栽培的植物"这个含义。所谓栽培植物是指，根据人类需求，在栽培过程中对植物进行培育，使之成为完全不同于野生植物的植物。它们也被称为"农作物"，即由人类培植出来的植物。

比如，种子植物成熟以后，种子会噼里啪啦落下，或风一吹就四处飞散。这是野生植物为了繁衍而必备的性质，被称为"种子的脱落性"。然而，种子的脱落性不利于人类的使用，因此那些需要取种子来供人类使用的栽培植物几乎无一例外都欠缺这个性质。或许是人类选出了那些自始至终种子都不会脱落的品种，专门对其进行了栽培。也有可能是人类在栽培野生植物时，发现了突变的非脱落性种子。而说到土豆，假如要把块茎当食物，野生种就实在太小了，所以人类肯定在挑选个头较大的品种上花了不少力气。

像这样努力了几百甚至几千年后，人类培植出了与野生种大不相同的栽培植物。这种按照人类需求培养动植物的做法一般叫作“驯化”。日语中对动物的驯化和植物的驯化分别翻译成“家畜化”和“栽培化”，本书中也沿用了这种说法。

那么，土豆的栽培化是如何发展的呢？很遗憾，由于年代太过久远，并没有留下资料。不过，让我们试着来进行一下大胆的推理吧。可以确定的是，距今一万多年前，安第斯地区最早出现人类踪迹的时候，那里不存在任何栽培植物，包括土豆。当时，整个美洲大陆都不知道农业为何物，所有原住民都以狩猎或采集为生。尤其是最早出现的“安第斯原始人”，他们以乳齿象（一种已灭绝的象科哺乳动物）、马、大羊驼或羊驼的骆驼科祖先为狩猎对象，被后人称为“大型动物猎人”。

然而，动物肉类不是他们唯一的食物，尤其当后来大型动物急剧减少时。学者认为，原始人也在积极地把植物作为食材。狩猎的同时，他们也会采集植物，很有可能食用野生植物的种子或果实，甚至根和茎。其中，安第斯高原上根茎肥大的薯芋类植物或许就成了他们重要的粮食来源。个中理由请见下一小节。

◇◇◇◇◇◇◇◇◇◇◇◇◇◇◇◇◇◇◇◇◇◇◇◇◇◇◇◇◇◇

祖先种是野草

首先，安第斯高原能作为粮食来源的植物非常贫乏。尤其是土豆原产地所在的海拔近4000米的高原，那里超过了森林可生长的极限，因而没有树木，也找不到果实。覆盖高原的几乎都是一种叫作伊秋的稻科植物，但它们的种子非常小，不易成为食材。与这些小种子相比，薯芋类植物的可食用部分一般都较大，对于狩猎采集的人来说无疑是一种更具吸引力的食物。

其次，由于薯芋类植物的可食用部分在地下，所以它不如谷类农作物那么容易被发现。但是，人类采集、利用的野生薯芋类植物很可能原本就长在离人类生活圈不远的地方。这是因为，后来成为栽培植物的薯芋类植物其实是一种只会生长在充满人类气息的环境里的“野草”。

提到野草，在日本人印象中一般是指碍事的或是没用的植物，但这里说的是一种和前者略有差异的植物群。它指的是仅适应人为扰乱的环境、伴随着人类生活的植物。野草只会在路边、田间、空地上生长，而不会入侵自然林或自然草原。并且科学家认为，为人类所利用的薯芋类植物也是这种野草型植物，它们就生长在人类身边。

我们知道，人类如果长久地在某个环境中生活，那里就会逐步带有人工痕迹，自然生态圈里是见不到这种环境的。比如，为了获得干柴，人类会砍伐森林，在林中走动时会留下踩踏的脚印，更有可能留下排泄物。长此以往，那里的环境秩序就会被人类打乱。结果，那里就会出现一些仅在这种环境下才会生长的植物，而这种植物正是野草。

还有一个因素也促进了安第斯高原野生植物的野草化，那就是骆驼科动物的分布以及对它们的利用。安第斯高原有大羊驼和羊驼两种骆驼科家畜，在家畜化以前，想必人类花费了长年的时间来对它们的野生种进行驯养。比如，人类应曾试图对它们的族群进行圈养，而从前述那层意义上来说，这种举动就扰乱了生态。

动物的养殖圈会留下大量的粪便，这种状况具有很重要的意义。不论是人类的排泄物，还是动物的粪便，都包含了以氮元素为首的各种物质。这就催生了能适应这些物质，尤

印加时代建成的石壁缝隙中长出的野生土豆（*S. raphanifolium*）。

其能适应氮元素的嗜氮植物。所谓嗜氮植物，指的是可在氮肥环境下茁壮成长的植物。我们知道，氮肥会打破很多野生种的生长平衡。由此我们可以推测出，有些薯芋类野生种会产生出野草型品种那样仅生长在这类混乱环境中的能力。

◇◇◇◇◇◇◇◇◇◇◇◇◇◇◇◇◇◇◇◇◇◇◇◇◇◇◇◇◇◇

与毒之战

即便发现起来容易，土豆之类的野生薯芋类食用起来却不容易。这是因为，野生薯芋类的块茎（肥大的地下茎）或块根（肥大的根）一般都含有大量的有毒成分。它们为了自身繁衍或免遭动物食用而发展出了这种特性，但对试图食用它们的人类来说这就成了一个问题。即使把它们加热煮熟，还是会因为里面的毒素而苦不拉几，中看不中吃。

例如，野生土豆含有茄碱和卡茄碱等大量生物碱性质的有毒物质，酢浆草科植物的块茎含有草酸，落葵科植物的块茎则含有皂苷等有毒物质。根据化学学者们的调查，只要15 ~ 20 毫克茄碱就能让人尝出苦味，并对人体造成毒害。100 克野生土豆中一般含有 100 毫克以上的茄碱，即所含毒素为容许量的 5 倍以上。茄碱的毒性虽不强，但大量摄取仍然会导致死亡。

人类是怎样利用这些有毒植物的呢？在此有两种思考方式。

第一种思考方式是：尽可能从有毒的块茎里挑选那些含毒较少的，有选择性地食用。栽培化后的土豆有毒成分含量较少，这或许是人类优选的结果，但野生土豆里含毒较少的却是例外，要找出这些品种是极其困难的。

第二种思考方式是：人类开发出了使块茎无毒化的技术。无毒化一般被称为“去毒”，本书中也将使用这种说法。关于去毒，安第斯高原的土豆可有不少故事。因为栽培种里也含有大量有毒成分，不去毒就无法食用。当地的克丘亚语用“录基”来称呼它，西班牙语则叫作“帕帕·阿马尔加”，意为“苦涩的土豆”。

我猜想，这种去毒的技术会不会最早是从野生薯芋类的去毒技术发展而来的。实际上，直至今日，安第斯一部分地区的原住民仍会先给野生种去毒后再食用。因此，我们就来介绍一下去毒的方法。它利用了安第斯高原独特的气象条件，非常神奇。

我们先来看看安第斯高原的气象条件。图 1-2 是靠近的的喀喀湖畔的玻利维亚拉巴斯机场（海拔约 4 100 米）的每月降水量与每月平均气温与相对湿度示意图。从图 1-2 中可以明显地发现，安第斯高原一年分为雨季和旱季，4 月到 9 月是旱季，剩下的是雨季。那里的旱季十分干燥，甚至一天的气温变化也特别大。其中，六月左右是一年里湿度最低、一日气温变化最大的月份。在海拔 4 000 米的高原，白天还是艳阳高照，十分温暖，到了晚上温度却会跌至零下

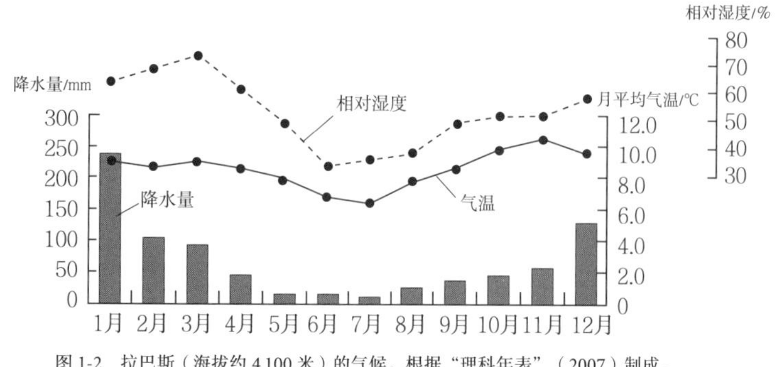

图 1-2　拉巴斯（海拔约 4 100 米）的气候。根据“理科年表”（2007）制成。

5℃。因此，早晨的高原会被白茫茫的霜所覆盖，太阳升起来后，气温便急剧上升，光照强烈，甚至人会觉得热。

去毒技术的开发

去毒，利用的就是这种气象条件。首先要把土豆平铺在野地里。相互不能重叠，也不能接触，保证每个土豆都充分暴露在空气中。然后就这样放置几天。土豆会在夜间冻结，又会在白天解冻，循环往复。持续数日之后，土豆会变得柔软膨润，仅用手指就能按压出水分。把这种状态的土豆集中起来堆成小山，接着用脚踩踏，水分就会从土豆里流出来。踩踏要均匀而且有节奏，直到再也踩不出水为止。像是配合人类的节奏一样，土豆们会一边“唱”着“扎库、扎库”，一边释放水分。我也曾做过这种工作，和我预想的相反，土豆里的水分竟然不是冷的，而是温的，这着实让人吃惊。

踩完以后把土豆重新铺到野地里，继续放置几天。旱季30%左右的低湿度和超过20℃的温差几乎能去掉土豆中的所有水分。如前所述，土豆里的有毒成分主要是茄碱这种生物碱，它们存在于细胞液中。因此，通过踩踏土豆来破坏细胞壁使之脱水，就能让有毒成分随细胞液一起流出。

当然，安第斯人不可能从一开始就知道植物的这种组织结构，他们或许是在食用那些含毒又难入口的薯芋类植物的过程中渐渐积累出了经验。而且我想，这种方法会不会是从他们开始食用野生土豆起就想出来的呢？不过，或许还有比这更单纯的做法。比如，有可能不用脚踩，也不用晒干。因为野生土豆只有小指那么大，用手挤挤就足够脱水了。

制作秋诺，安第斯人正在踩踏变软的土豆来使其脱水。

在知道这种方法之前，安第斯人民一定与有毒的野生土豆进行过旷日持久的“战斗”。肯定也有人不知它们含毒，结果吃了之后腹痛难忍。甚至还有人可能因为大量食用有毒土豆而不幸殒命。

在此我们需要注意的是，只有在土豆获得栽培化的安第斯高原，人们才会对它们进行去毒处理。这只是一种巧合吗？不，或许这正阐明了栽培化和加工技术的密切联系。

去毒并干燥后的土豆，当地人叫它“秋诺”。秋诺与原本的野生土豆相比，质量、大小都只有原来的一半或三分之一，呈小小的软木塞状。拜它所赐，只要状态够好，秋诺甚至能存放好几年。加上它质量轻、易运输，于是它就成了一种方便的交易品。

一般来说，薯芋类植物含有较多水分，容易腐坏，不便贮藏。秋诺的加工技术正好克服了这个缺点。不过，我们想强调的是，这种加工法也兼具了去毒的功能，稍后会再具体讨论。

栽培土豆的诞生

去毒技术的开发，给尚不知农耕为何物的安第斯高原人民带来了革命性的变化。后人认为他们由此将含毒而不能食用的各种薯芋类植物转化成了食物。如果真是这样，他们就不仅仅是采集食用这么简单，而有可能会在居住地附近种植这些薯芋类植物。这就是栽培的开端。我们完全不知道事实上他们是如何开始栽培土豆的，不过我设想了如下这种可能：

狩猎采集时代的安第斯高原人民曾长期食用身边那些野草型土豆。到了一定阶段，他们积累了这类土豆的相关知识，知道可以通过种植它们来进行再生产。结果，在他们反复种植的土豆中出现了突变的大个儿块茎。更有可能的是，他们在这一过程中寻找含毒量相对较小的品种，并反复对其进行栽培。就这样，只需加热就能食用的大个儿土豆诞生了……

这种猜想虽未获得证实，但不这么想就无法理解土豆栽培化的发展进程。栽培化的土豆块茎里含有的毒素实际上是在减少的，而块茎本身也确实在增大。

从植物学角度说，栽培化土豆不止 1 种，而有 7 种。其中最早获得栽培化的土豆是二倍体（土豆的染色体基数为 12，二倍体为一般的两倍，即 24 条），学名叫窄刀薯种（见图 1-3）。后来，它又发展出了其他几种能适应不同环境的栽培种。

在栽培窄刀薯种的过程中，土地里出现了块茎更大的土豆。它们的染色体数比窄刀薯种还要多一倍，达到了四倍，叫作马铃薯种。四倍体土豆的出现给安第斯人民带来了更多收成。于是，几乎整个安第斯地区都开始栽培这种土豆。补充一句，这种四倍体土豆正是当今世界广泛栽培的马铃薯，而其余的栽培种目前仅安第斯地区仍在种植。

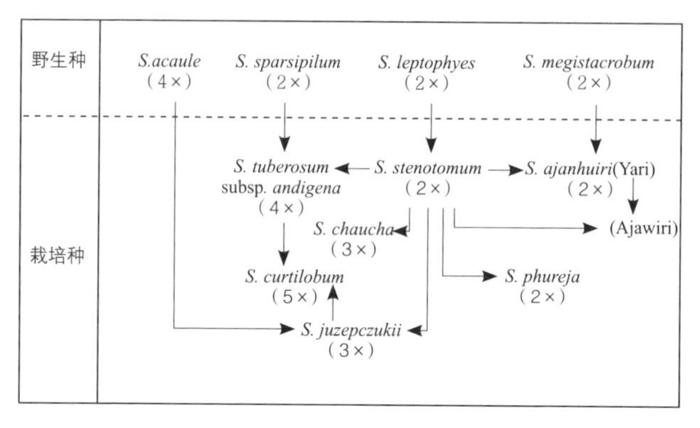

图 1-3　土豆栽培种的进化与倍数性 [霍克斯[①]，1990]。

之后，安第斯地区相继出现了拥有 36 条染色体的三倍体和 60 条染色体的五倍体，总共有 7 种土豆获得了栽培化。并且，这些品种又继续发展出了数千个种类。需要大家注意的是，“种”在植物学中被叫作“物种”，它们会衍生出许许多多个“品种”。比如，日本栽培的“五月皇后”和“男爵”是土豆品种名，在植物学上它们都属于四倍体马铃薯种。现在世界各地虽然存在许多栽培品种，但它们全都归为马铃薯种。换句话说，世界各地栽培的土豆品种追根溯源全都来自安第斯马铃薯种这一个物种，它们都是离开安第斯地区之后分化而来的。

此外，除了土豆野生种的块茎，前述的薯芋类野生种一般也都含有毒素；并且，人们也开发出了给其他薯芋类植物

① 杰克·霍克斯（1915—2007）：英国植物学家。——译者注

去毒的技术。比如，为酢浆草科的酢浆薯去毒，和土豆一样，需经过冻结干燥或加水浸泡。酢浆薯含有大量草酸，光煮是没法吃的。如表 1-1 所示，安第斯人不仅能给薯芋类植物去毒，而且还懂得给其他农作物去毒。这么看来，在将安第斯高原的野生植物作为粮食来源的时候，最先进行的大概就是开发去毒技术了吧。

表 1-1　南美的有毒农作物和主要的加工方法

农作物名	学名	有毒物质	加工方法
木薯	*Manihot esculenta*	氰苷	浸泡、加热
土豆	*Solanum juzepczukii* *S. curtilobum*	茄碱	冻结干燥、浸泡、发酵
酢浆薯	*Oxalis tuberosa*	草酸	冻结干燥、浸泡
藜麦	*Chenopodium quinoa*	皂苷	浸泡
南美羽扇豆	*Lupinus mutabilis*	羽扇豆碱	浸泡

栽培的开始

上面几节我们从土豆的利用说到栽培化，进度或许有些太快了。因为科学家认为，土豆的栽培化出现于公元前 5000 年左右，所以从安第斯人最早开始利用土豆到实现栽培化其实经过了数千年的漫长岁月。在这数千年间，安第斯高原的原住民以鹿和骆驼科动物为中心进行狩猎，同时也在

大羊驼。主要用于货物运输的骆驼科家畜。

利用野生的植物资源。以高原为中心的人类生活正是推动了众多安第斯高原动物家畜化与植物栽培化的一大要因。之前，我们已经提过土豆的栽培化，实际上安第斯高原的酢浆薯、乌鲁薯、旱金莲薯（旱金莲科）等薯芋类农作物，藜麦和苍白茎藜等杂谷农作物，还有羽扇豆等豆类农作物，也都实现了栽培化。此外，如前所述，安第斯高原也成了大羊驼、羊驼等骆驼科动物家畜化的舞台。

那么，土豆栽培化给安第斯人民的生活带来了怎样的变化呢？最先可以想到的是，从粮食采集与狩猎向粮食生产的转变。这种变化并不局限于安第斯地区，也发生在世界各地，它对人类历史具有重大的意义。因此，考古学者将之称为“农业革命”或是“粮食生产革命”。

对于这种由粮食采集转变为生产的生活体系，考古学家桑德斯做了如下三点归纳：

（1）粮食采集要求人类必须进行季节性的迁移，与之相对，粮食生产则促进了定居化，定居的地理范围也得到显著扩大。

（2）在采集狩猎体系中，即便是生产性最高的环境，食物的量也是季节性的，并且每年会有很大变动，因此人口只能保持最低限度的安定。相对地，在粮食生产体系中，所生产的粮食总量大幅增加，这样一来，人口密度增大就成为可能。

（3）粮食生产减少了粮食供给所需的必要时间总量。由此空出的剩余时间便可以用于经济、社会、政治、宗教等各种活动。

总而言之，粮食从采集向生产的变化带来了定居的发展、人口的增长及剩余时间的增加。我们必须注意的是，在粮食生产最早的阶段，人们可能会把各种植物都当作粮食来源，而在以农耕为基础的社会中，人们会以一种或两三种栽培植物为主，供给大部分人口。这些植物就被称为主要农作物，为人类提供大部分所需的卡路里。能作为主食的栽培植物，其单位质量以及单位耕种面积对应的卡路里都相对较高，几乎全都是谷类或薯芋类植物。

这个方面上，安第斯地区有一点值得我们关注，即尽管安第斯地区完全没有实施谷类栽培化，但薯芋类的栽培化却多种多样。而处于这些薯芋类中心地位的，正是土豆。

那么，土豆给安第斯高原的人类生活带来了怎样的变化呢？请看下章。

第2章

土豆创造山岳文明——印加帝国的农耕文化

印加时代种植土豆的情景。左边男人手中的工具是踏锄（华曼·波马[①]，1613）。

---

① 华曼·波马（约1550—1616）：出生于印加帝国的印第安插画家，因1936年出版的《新编年史与优良统治》这本书而为人所知，为印加帝国史和殖民地社会留下了重要的资料。——译者注

薯芋会催生文明吗

看到本章标题，可能会有读者在脑中冒出一个问号。因为在考古学或历史学的常识中，谷物农耕才是产生文明的原动力，而非薯芋类。比较文明学家伊东俊太郎也有如下一番论断：

总之，从农耕社会进一步形成文明社会，其前提是由可储存的谷物生产所带来的剩余农产品。这些剩余农产品可以提供给那些不直接参与农耕的人口（即柴尔德[①]提出的“社会剩余”概念），由此令城市文明开花结果。也就是说，谷物农耕正是建立文明社会所必需的基础。

（伊东俊太郎《文明的诞生》）

① 戈登·柴尔德（1892—1957）：澳大利亚考古学家、文献学家，专门研究欧洲史前时代，提出了“新石器革命”和“城市革命”的概念。

历史学家江上波夫甚至对谷物农耕发表过这样的论述：

> 谷物农耕是令人类群体从农村向城市发展的独一无二的经济要因。那是因为薯芋农耕、蔬菜农耕、果物农耕等，以及绵羊、山羊、牛、猪等肉畜的饲养等，即非谷物农耕与畜牧的生产经济，几乎完全不可能让一万人以上的人口实现聚居和生活，城市的形成不可能以它们为基础。
>
> （江上波夫《文明的起源及其成立》）

江上氏明确地表示：以薯芋为中心的薯芋农耕无法催生出文明。同时，他和伊东氏都强调：谷物农耕才孕育出了文明。或许是由这些说法而得出了一种定论：安第斯文明也是因以玉米为中心的农耕而形成的，并非薯芋类。比如在日本高中的历史教科书中，几乎都无一例外地记述着“形成和发展安第斯文明的基础是玉米农耕”。

但是，这些说法究竟是不是真的呢？就我自身意见来说：并非如此。我一直认为，是土豆催生了安第斯的山岳文明。在此，有个情况需要各位注意：太平洋沿岸的安第斯海岸地带与山岳地带都出现了诸多文明，安第斯文明是它们的总称。而我所认为的土豆催生出的文明，指的不是海岸地带，而是山岳地带。

因此我想提前告知大家：后文均以安第斯的山岳地带为焦点展开论述。

神庙与土豆

前章曾提到，公元前5000年左右土豆实现了栽培化，但之后的农耕历史却不甚明了。与几乎不降雨的海岸地带不同，由于山岳地带经常降雨，具有考古价值的证据很难保留下来，这使得人们很难获知这里的农耕历史。

不过，安第斯各地还是出现了能反映农耕发展的遗迹，那就是神庙。之前我们说过，农耕的发达增加了剩余时间，令人们能参与经济、社会、政治、宗教等各种活动。由此可以推断出，这也促成了神庙的建设。

查文·德·万塔尔神庙建于公元前800年左右。它因被列为联合国教科文组织的世界文化遗产而广为人知，是象征查文文化的神庙。这座神庙距离亚马孙河支流——马拉尼翁河的源流很近，位于海拔约3200米的山上。它也是象征安第斯山岳文明的神庙。

查文·德·万塔尔遗迹。这座遗迹下方有地下走廊。

这座神庙中有一个圆形和一个方形的半地下式广场，还有个叫作卡斯特罗的城塞式建筑。这些建筑的下方遍布了曲折迂回的地下走廊，其中还有一座高约 4.5 米的石碑。由此显示，这里曾是开展祭祀的中心。

那么，神庙建设者的生活依靠的是怎样的农业呢？按照过去一贯的思考方式，不少研究者会认为主要是靠玉米农耕。但是，我从 1978 年初次造访这座神庙以来，就一直对这种说法持有疑问。因为能证明这里进行了玉米农耕的证据很单薄。此外，查文 · 德 · 万塔尔神庙位于海拔 3 200 米的高度，这已经是玉米栽培的上限了，反过来说，能在寒冷高原栽培的土豆才更适合成为农耕作物。

不过，土豆容易腐烂，几乎没有留下考古学意义上的证据，所以我的疑问仍然没有获得解释。对于这种问题，按照过往的考古学方法是找不到解决方案的。而在 1990 年，一种崭新的手法问世了。那就是提取出人骨中的蛋白质（胶原蛋白），测定其中的主要元素——碳元素和氮元素的量，从这个数值复原该人骨的主人生前的饮食生活。通过这种方法我们就能知道，古代人从哪些食物、以怎样的比例摄取能量或蛋白质。

以这种新的研究方法为开端，人类发现了陆地植物 3 种不同的光合机能。陆地植物分成 3 种植物群，分别叫作 C_3 植物、C_4 植物及 CAM 植物。具体举例来说，C_3 植物包括稻、麦类、豆类、红薯、土豆等，C_4 植物有光合能力较强的红甘蔗、玉米、高粱、粟、黍等，CAM 植物包括仙人掌、龙舌兰（其中有一种成分因是龙舌兰酒的材料而为人所知）等多肉植物，与人类饮食生活相关的栽培植物并不多。

这些具有不同光合机能的植物之间，构成其组织的碳 13 与碳 12 的比例（碳同位素比——$^{13}C/^{12}C$）是不一样的。人类食用植物后，其稳定同位素比就被记录在了人体组织中，即便人体组织完全分解消亡，也会继续留在人骨中。因此，只要分析人骨的碳同位素比，就能复原出这个个体生前主要粮食来源的植物类型。

根据这种方法，耶鲁大学的伯格教授团队对查文·德·万塔尔及邻近的瓦里科特遗迹（海拔 2 750 米）中出土的人骨进行了分析。在此，我们仅介绍一下从分析结果中得出的结论：

以玉米为代表的 C_4 植物粮食所占的比例只有 20% 左右。瓦里科特遗迹所代表的查乌卡扬期（公元前 2200—前 1800）、查文·德·万塔尔所代表的乌拉巴利乌期（公元前 850—前 460），甚至哈那巴利乌期（公元前 390—前 200）也都只有 20% 左右这样的低数值。这些事实都说明，查文·德·万塔尔也好，瓦里科特也罢，主要的粮食来源农作物并不是玉米，一大半都是原产于安第斯高原的 C_3 农作物。原产于安第斯高原的 C_3 植物指的是：藜麦与苍白茎藜等杂谷，羽扇豆等豆类，以及土豆、酢浆薯、乌鲁薯、旱金莲薯等薯芋类植物。

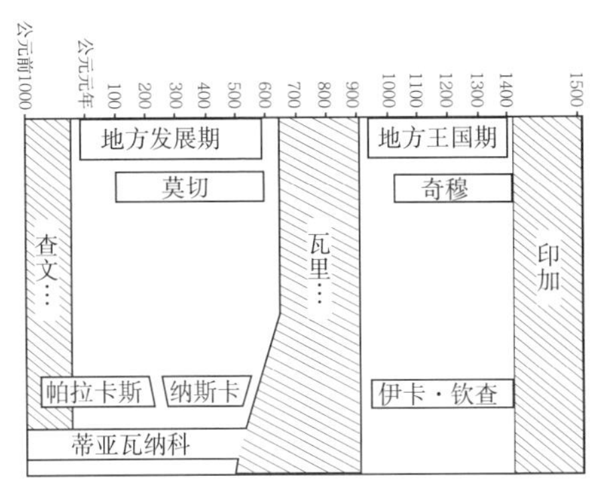

图 2-1 根据安第斯地区古代文化编年表进行了部分修改（匹斯[1]、增田[2]，1988）。

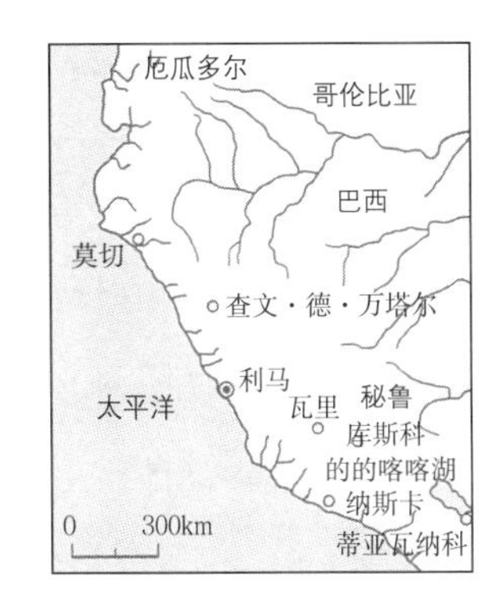

安第斯山脉中段的高原地带的主要古代遗迹。

那么，查文·德·万塔尔人民的主食是什么呢？伯格教授的团队判断后认为：他们的主食是适应寒冷高原的土豆，而非玉米。另外他们认为，当地人也曾栽培耐寒的藜麦，以此作为重要的粮食来源。这样的饮食生活模式持续了很长一段时间，至少从公元前 2000 年的远古初期开始到公元元年前后的形成期为止，玉米都未曾取代土豆等 C_3 植物。因此可以得出的结论是：玉米并非主食，人们的主要粮食来源是土豆或藜麦之类的高原农作物。同时伯格教授给出了理由：土豆等薯芋类的产量高于玉米，而且更适应寒冷的高原环境。

之后，查文社会在公元前 200 年左右灭亡了。有说法认为这是气候变冷或厄尔尼诺现象导致的自然灾害。哪种说法正确，或者是否另有原因，就得等待今后的研究结果了。

---

① 富兰克林·匹斯（1939—1999）：出生于秘鲁的历史学家。
② 增田义郎（1928—2014）：日本的文化人类学家、历史学家。

总之从公元元年开始，安第斯山脉中段的海岸地带与山岳地带逐渐形成了带有各地特色的文化，迎来了所谓“地方发展期”的时代。秘鲁北海岸的莫切、南海岸的纳斯卡以及的的喀喀湖畔的蒂亚瓦纳科等就是其中的代表。此处，我们仅聚焦山岳文明，选取蒂亚瓦纳科来探究一下它的社会特征与支撑社会的粮食基础。

谜之神庙:蒂亚瓦纳科

蒂亚瓦纳科的中心地带海拔比富士山顶还要高，约达3 840米，它位于的的喀喀湖畔东南约2万米处，周围是广袤的高山草原带。在日本，几乎没人知道蒂亚瓦纳科，其实它是兴盛于的的喀喀湖畔的文化，比印加帝国的建立早了一千年，现在我们仍能窥到它当年的一部分英姿。因为这里留下了代表着的的喀喀湖畔蒂亚瓦纳科中心文化的神庙。西班牙人谢萨·德·里昂在征服印加帝国之后到访此地，也为这座巨大的建筑物而震惊，以至于留下了这样一番话：“想想要花费多少人力才能把这些巨大的石块运到此地，我就忍不住惊叹。”其中，有座著名的建筑叫“太阳之门”，仅门的上部就用了一块宽3米、长3.75米的岩石，重量超过了10吨。并且，该岩石表面还刻有巨大的神像浮雕。

关于这种文化的性质，多年来学者们议论不断。其中一

蒂亚瓦纳科遗迹太阳之门。

种说法是：蒂亚瓦纳科位于海拔3 800多米的高原，从其较低的农业生产力来看，这里不可能是城市，只能是各地巡礼者来参拜的神庙。这与“该地是无法栽培玉米的高原”可谓不无关系。因为持有这种说法的人是基于“玉米农耕才是安第斯文明的基础”而得出的结论。或许这还与他们认为“蒂亚瓦纳科地处高原，不适宜人类居住”有关。

但是，在1960年新的事实被发掘出来了，这迫使他们重新审视之前的说法。因为有人在这个遗迹旁边发现了广大的居民区。发掘出遗迹的罗博士明确指出面积达200公顷的连续居住区域，因为显示出居住痕迹的沉积物延伸到更远的地方，所以他认为这200公顷应该只是城市区域中极小的一部分。

根据那之后公布的资料显示，蒂亚瓦纳科以的的喀喀湖南岸为核心，似乎拥有好几个地方中心和数量可观的人口。并且，其全盛期（400—800）的势力范围扩大到了的的喀喀盆地以外地区，支配地域差不多可以与日本的国土面积匹敌，达到了约 40 万平方千米。

那么，蒂亚瓦纳科的建立与发展靠的是什么呢？根据发掘出蒂亚瓦纳科的克拉塔博士的说法，支撑城市经济发展的是集约型农业和对大羊驼与羊驼的集约型畜牧管理，以及对的的喀喀湖资源的利用。其中，英语里称为“凸地”、当地称为“瓦鲁瓦鲁”的农耕技术具有极高的生产率，这使得满足大量人口的粮食需求成为可能。

凸地又叫“堆土农耕”，现在我们仍能在的的喀喀湖畔见到应用这种方法的耕地。据我观察，凸地是把一部分耕地往下挖，再将这些土堆到旁边形成田垄。这种田垄的高度为 1 ~ 2 米，宽度为 5 ~ 10 米，而长度为从数十米到 100 米以上。

那些对凸地进行过详细调查的研究者表示，田垄的内部构造大致如图 2-2 所示。田垄最下层铺着石子，往上有大约 10 厘米厚的黏土层，再上面是混着小石子的三层土，最上

的的喀喀湖畔的凸地。

面是含有大量养分的土。最下层的石子是为了让湖畔的泥土能承受堆土重量而制成的底座，上面的黏土层是为了防止盐分浸透而设计的。沟渠会把的的喀喀湖里的水引进来，它们对农作物的栽培发挥着巨大作用。首先，繁茂的水草和栖息其中的生物会成为有机肥料。其次，长长的沟渠中储存的水能保持耕地的温度，尤其是在寒冷的夜间保护耕地。用这样的耕地栽培农作物，产量自然就高了。据推断，其收成甚至是现在农民平均生产量的 5 倍多。

据说这种耕地曾经在的的喀喀湖周围比比皆是。如前所述，的的喀喀湖位于平坦的高原，雨季到来，湖水上涨，周边地域就经常被淹。由这种状况判断，与灌溉的目的相反，人们有可能就此开发出了治涝技术，或者说高效利用丰富水资源的技术。

进行发掘调查的克拉塔博士推定了凸地所能养活的人口数量。结论是：蒂亚瓦纳科的核心地带约 190 平方千米，如果农作物一年两熟，就能养活 57 万 ~ 110 万人，一年一熟则为 28 万 ~ 55 万人。最终克拉塔博士确定的数字是 36.5

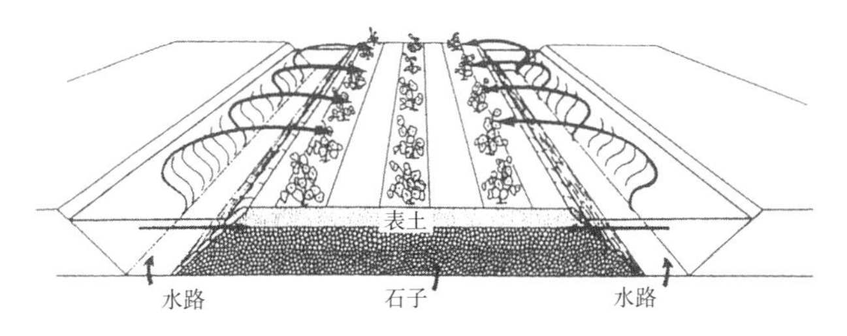

图 2-2　凸地的构造 [克拉塔，1993]。箭头指出的是水发挥保温作用的方向。

万人，其中 11.5 万人居住于神庙较为集中的城市或卫星城市，剩余的 25 万人从事农耕、畜牧以及渔猎。

在这些生计中，基于凸地的农作物栽培无疑是养活众多人口的首要因素。它们都是些什么农作物呢？前面我们提到，的的喀喀湖畔海拔 4 000 米左右，由于气候寒冷，玉米几乎无法存活。克拉塔博士也认为：蒂亚瓦纳科时代的凸地中栽培的是多种能适应高原气候的农作物，尤其将不畏霜冻的“苦土豆”作为了主要农作物。之前所说的蒂亚瓦纳科人口数量也是根据土豆的单位面积收获量而推算出来的。

贮藏技术的发展

让我们回忆一下本章开头介绍的江上氏的言论。江上氏表示：“非谷物农耕与畜牧的生产经济，几乎完全不可能让一万人以上的人口实现聚居和生活。”克拉塔博士的调查结果则否定了这番话。那么，为什么是薯芋类农作物创造了蒂亚瓦纳科的神庙而不是谷类农作物呢？答案就藏在克拉塔博士的报告里。

据他所说，蒂亚瓦纳科栽培的土豆主要是第 1 章中提到的录基和帕帕·阿马尔加这类“苦土豆”。光用煮的方式还没法吃，除非加工成前述的秋诺。那么，为什么蒂亚瓦纳科人不栽培普通土豆，而特地把需要加工的录基土豆作为主要

象征秋诺的莫切文物（秘鲁考古学、人类学和历史国家博物馆所藏）。该文物表面加工成了白色，体现出了秋诺的特征。

栽培农作物呢？克拉塔博士自己也没有阐述其理由，但这很可能并非基于考古学的证据，而是来自现代的民族学资料吧。假如真是如此，我们就可以想到下面这番理由：

安第斯高原处于低纬度地带，气候虽然相对温暖，但要在这里发展农业却有着种种风险。这里存在高原特有的剧烈气温变化，以及与之相伴的霜冻和降雪。的的喀喀湖畔多雨的气候也会给土地带来灾害。因此，安第斯高原的农业与其高产量的需求相比，更首要的是确保生产的稳定性。

基于这些原因，就可以理解为什么“苦土豆”的栽培更有效果。首先，“苦土豆”不仅耐寒，还耐虫害。其次，这种土豆加工得到的秋诺便于贮藏，可以放置多年而不腐坏。因此，纵使碰上气候不顺导致的饥荒，秋诺也可以发挥出巨大的作用。实际上，蒂亚瓦纳科非常盛行加工秋诺，该地与同时期海岸地带出土的莫切文物中都有象征秋诺的土器。

我认为，这种把土豆加工成秋诺的贮藏技术非常重要。之前我们也多次提到，土豆富含水分不易长期贮藏，因此人们总认为它不可能是形成文明的粮食基础。著名的民族植物学家中尾佐助也曾就薯芋类农作物的缺点做过如下论述：

> 一般来说，薯芋类农作物贮藏性低，运输起来更是困难。有时候，哪怕粮食丰收，这种贮藏上的困难仍会导致季节性的粮食短缺，限制了人口收容力。（中略）因此，以它为中心的农耕不利于大范围地区的权力集中，也使得粮食这种最实用的货物很难成为个人的积蓄。
>
> （中尾佐助《农业起源论》）

不过在安第斯的山岳地带，由于秋诺的出现，薯芋类的贮藏性得到了提高，运输也变得容易起来。也就是说，安第斯人民巧妙地克服了土豆等薯芋类农作物的缺点。

之后，蒂亚瓦纳科社会在10世纪左右衰退，人民背井离乡。克拉塔博士认为这是由于的的喀喀湖畔发生了大规模的干旱。干旱导致耕地的农作物产量下滑，无法继续维持蒂亚瓦纳科的政治体制。或许这场干旱并非突如其来，之前可能就时常发生小规模的干旱。反过来说，也正是这个原因，蒂亚瓦纳科人才会探索粮食生产方法，并开发出了粮食贮藏技术。

印加帝国

那之后，安第斯山脉中段的海岸地带和山岳地带出现了各类文化的兴衰。到了 15 世纪左右，安第斯山脉中段各地出现了王国。北海岸有奇穆王国，南海岸有伊卡和钦查等王国。而山岳地带的秘鲁南部高原出现了后来发展为印加帝国的库斯科王国，的的喀喀湖畔也有卢帕卡与科利亚等诸多王国。还有多个民族集团仍然停留在部落水平，不像北部高原建立了城市和国家。

统一这些地方、国家的正是印加帝国。15 世纪初，位于秘鲁的安第斯山脉南段，支配着库斯科盆地的印加族急速扩张其势力范围，仅用一百年就拿下了整个安第斯高原，甚至还征服了邻近的地域。其全盛期的领土北起现在的哥伦比亚南部，经厄瓜多尔、秘鲁、玻利维亚一直延伸到智利中部，包含了大半个安第斯地区。

印加时代的石壁。

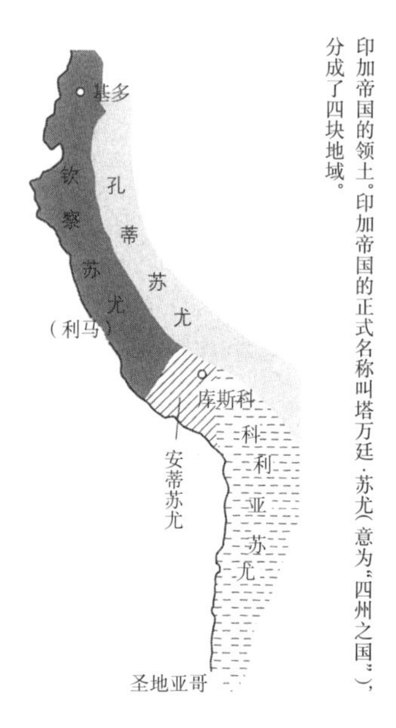

印加帝国的领土。印加帝国的正式名称叫塔万廷·苏尤（意为“四州之国”），分成了四块地域。

那么，印加帝国的农业是什么样的呢？实际上，很多人都认为印加帝国也诞生于玉米农耕。确实，印加帝国的领土扩张到了海岸地带，在海拔较低的地方或许是以玉米为主食，但印加帝国的核心其实是在安第斯的山岳地带。首都库斯科位于海拔 3 400 米的如今属秘鲁境内的安第斯山脉中段。太平洋沿岸的地域也并不完全受印加帝国支配，秘鲁北部海岸等地受的影响较小。而安第斯山脉东侧的山麓地带是亚马孙流域诸民族的领地，为了阻止他们入侵印加帝国，印加帝国在安第斯东斜坡建造了许多城堡或要塞。比如，玻利维亚东部的印加的雅库他也被认为是印加帝国的一座要塞，它就位于海拔约 3 000 米的安第斯东斜坡。印加帝国代表了安第斯最后的文明，其核心位于山岳地带，从这个意义上说印加帝国应属于山岳文明。

实际上，关于印加帝国的人口数量一直众说纷纭，但保守估计也在 1 000 万人以上，其中 2/3 都居住在山岳地带。而且，首都库斯科拥有约 20 万人口，是当时南美洲最大的城市。比这么多人口更让人惊讶的是，这里有着极其丰厚的食材（见图 2-3）。所以，侵略此地的西班牙人对于印加帝国既没有乞丐也没有饿汉的现象纷纷表示震惊：“一般平民竟然可以完全自主调配自家所需的食材。”

那么，印加帝国核心所处的山岳地带尤其是高原地带，人民的主要粮食是玉米，而不是出现在查文·德·万塔尔或蒂亚瓦纳科的土豆吗？对于这个问题，可以参考 16 世纪初侵略安第斯地区、征服了印加帝国的西班牙人的记录。这种

图 2-3　印加时代的仓库。库斯科有许多贮藏食材等物的仓库，粮食不足时能为一般平民供给食材（波马，1613）。

由西班牙人记录的文书通称库洛尼卡[1]，我们只要检索这些文书，就能知道印加时代的人们栽培了什么，以及如何栽培与利用它们。

不过，在使用这些资料时至少有两点必须注意。第一，这些记录顶多只反映了西班牙人的价值观。第二，他们的记录有很大的偏见。因为西班牙人对印加帝国抱有浓厚的兴趣，所以他们的记录集中于印加王及其亲族，对一般民众的记录很少。让我们一边留意这两点，一边以库洛尼卡的记录为中心，探寻印加时代的农耕文化吧。

令西班牙人叹为观止的农耕技术

阅读了库洛尼卡后我们发现，至少有两项农耕技术令初次进入印加领土的西班牙人惊叹不已。其一是灌溉，其二是梯田耕作。灌溉是很早以前就出现在海岸地带的技术，而梯田耕作仅限于山岳地带，这是一种将山岳地带的大量斜坡修整成阶梯状，并在其上开垦耕地的方法。梯田本身在世界各地都能见到，不过安第斯的梯田十分精巧，并且规模巨大。因此，记录这种梯田的西班牙人不在少数。

比如，马蒂恩索[2]曾这么说过：

① 库洛尼卡：来自拉丁语，即中文里的“年代记”或“编年史”。
② 胡安·德·马蒂恩索（1520—1579）：西班牙法学家，原始经济学家。

印加（印加王）建造的水路和石板（道路）的规模远超于罗马人的，并且他们用石头在海拔很高、尽是岩石的斜坡上造出了可供播种的梯田。这么一来，不仅是平原，就连高海拔地带也能耕种，成为丰饶的土地。

（马蒂恩索《秘鲁政治经济研究》）

征服者弗朗西斯科·皮萨罗的徒弟佩多罗·皮萨罗，1553 年 5 月跟随他来到印加首都库斯科，佩多罗也对库斯科附近的梯田做出了如下记述：

农民们将所有梯田上容易滑坡的部分用石头围起来，高度为 1 埃斯塔多（长度单位，约 1.9 米）左右。然后在间隙处放上不超过 1 时（约 1.67 米）的石头，形成阶梯状，嵌进石壁。人们可以由此上下通行。这里的梯田都是如此构成的。他们在田里种植玉米，为了不让降雨冲垮土地，保持土地的平整，便想出了这种用石头围住土地的方法。

（皮萨罗《秘鲁王国的发现与征服》）

农民们经常会灌溉梯田。这些精心建造的梯田对山岳地带的灌溉发挥着重要的作用。就如皮萨罗指出的那样，很多安第斯斜坡上的耕地在引水入田后遭到侵蚀，尤其是肥沃的表层会顺势流入河川。为了解决这个问题，人们想出的一个方案就是建设梯田。

印加时代建造的梯田（秘鲁库斯科的马丘比丘遗迹）。

顺带一提，印加人民对引水工程倾注了非同寻常的热情。我们知道，印加时代的建筑物多采用巨石，造得很精巧。印加人把这种技术也应用到了水路建设中，使得水路也精巧至极，美不胜收。这种梯田目前仍以库斯科为中心遍布各地，它的美丽与精致令现代人也叹为观止。

所以，侵略印加帝国的西班牙人惊叹于这种可以灌溉的梯田也是再正常不过了。并且，这似乎给他们留下了一种印加帝国以玉米为主要农作物的印象。不知是不是这个原因，文献中有很多和玉米有关的西班牙人，也有很多西班牙人留下的关于玉米的记录。

另一方面，西班牙人关于土豆的记录却少得可怜。原因之一或许来自下述事实：自从哥伦布 1492 年在西印度群岛见过玉米之后，对西班牙人来说它就是一种熟悉的农作物。

而下一章我们也会提到，西班牙人来到安第斯地区之前从未见过土豆，因此他们或许并未把它当成食物。

两种耕地

虽然西班牙人对土豆的记录很少，但仔细阅读之后我们还是会发现，印加帝国的耕地并非全都用于栽培玉米，其中有些还栽培了土豆等薯芋类农作物。关于这一点，可以参考印卡·加西拉索的下述记录。印卡·加西拉索不是西班牙人，而是印加帝国最后的公主与西班牙人结合所生的混血儿。他懂得印加帝国的克丘亚语，对安第斯的传统文化也非常了解。

> 除了需要灌溉的玉米田，农民还会被分配到一些没有引水的耕地。根据旱地农法，这些土地上种植着其他农作物与蔬菜，比如，帕帕（土豆）、酢浆薯、阿纽斯（旱金莲薯），它们都是非常重要的农作物。
>
> （印卡·加西拉索《印加皇统记》）

也就是说，印卡·加西拉索所描述的印加时代的耕地分为两种，即需要灌溉的土地和无须灌溉的土地。并且，前者基本为玉米栽培用的耕地，后者为栽培土豆、酢浆薯、旱金莲薯等薯芋类农作物的耕地。其实，给西班牙人留下深刻印象的梯田仅出现在海拔3000米以下的地区，比它们海拔更高的农田基本都是土豆、酢浆薯、旱金莲薯等薯芋类农作物的耕地。

通过解读库洛尼卡，我们发现玉米等谷类农作物和土豆等薯芋类农作物的栽培存在着诸多不同。让我们继续深入探究一下。根据印卡·加西拉索的描述，这两种农作物在耕地的使用方法上还存在着如下差异：

不引水的土地由于供水不足，产量较低，所以仅耕种一两年就暂停，下次再给农民分配别的土地，就这样循环往复。通过这种循环使用，就能源源不断地获得丰富的收成，从而巧妙地管理经营那些贫瘠的土地。

（印卡·加西拉索《印加皇统记》）

这段记录表示：不实施灌溉的土豆田在使用一两年后就会闲置。与之相对，玉米田则如下述记录那样进行连续耕种：

另一方面，玉米田每年都会播种。因为那里就和果树园一样水肥丰沛，收成有充分保证。

（印卡·加西拉索《印加皇统记》）

由这段记述可见，玉米之所以可以连续耕种，得益于田中丰沛的水源和肥料。据库洛尼卡记载，这些肥料是由鱼或海鸟的粪便制成的，山岳地带则使用人的粪便。另一边，栽培土豆等薯芋类农作物时则采用家畜的粪便作为肥料。关于这一点，印卡·加西拉索是这么说的：

由于寒冷而无法栽培玉米的科利亚奥地区，150 里格（1 里格约为 5.6 千米）以上的所有地域，人们都用家畜粪便给土豆及其他蔬菜施肥，他们说这比其他任何肥料都有效。

（印卡·加西拉索《印加皇统记》）

这里所说的科利亚奥地区就是的的喀喀湖畔。在印加时代，这里也饲养着许多大羊驼和羊驼等骆驼科动物，因此肥料十分充足。

可见，玉米和土豆不仅栽培的耕地不同，连肥料也不一样。甚至，耕种玉米和土豆等农作物时使用的农具也不尽相同。在海岸地带的玉米耕地里，人们主要使用锄头；而在高原地带的土豆等薯芋类农作物耕地里，进入印加时代后，人们用上了一种新的农具——踏锄。关于印加时代的踏锄，印卡·加西拉索留下了十分宝贵的记录：

他们用一种长达 1 呺（1 呺约为 1.67 米）的棒子作为锄。它的前端是扁平的，后方则是圆的，宽度有四指。为了便于插入土中，他们把一头的前端磨尖，从前端开始的半码（1码约为83.6厘米）处紧紧地绑着两根小棒，作为踏脚。印第安人会把脚踩在上面，用尽全力将锄踏进土中。

（印卡·加西拉索《印加皇统记》）

这种踏锄成了印加帝国的核心农具，象征农具的象形土器有很多，但仅有踏锄成了原型，印加时代中象征踏锄的象形土器也为数不少，但仅这种踏锄保存了下来。擅长描绘印加时代人类生活的华曼·波马也曾留下好几幅画作，表现了农民使用踏锄进行耕作的景象。比如，本章首页用的插图就是华曼·波马所作，描绘了人们用踏锄种植薯芋类农作物的情景。图中，人们用踏锄在土地上钻个洞，再把薯芋种进去。另外，华曼·波马也绘制过用踏锄收获土豆的图。印加时

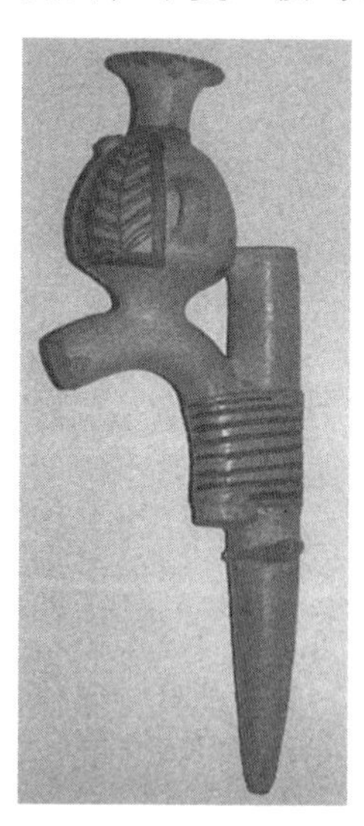

象征踏锄的印加时代土器（秘鲁，拉尔科·埃雷拉博物馆馆藏）。

代的美洲大陆，除了踏锄，还有掘棒、锹、锄等农具，但其中最发达的还是踏锄，它主要用于土豆的栽培。

仔细阅读这些库洛尼卡后我们会发现，不仅是玉米，土豆的栽培方法也获得了很大的发展。

令人深思的是，在印加帝国，玉米和土豆都是主要农作物，人们利用了安第斯地区巨大的高度差进行栽培。实际上，这种传统一直延续至今，安第斯农民中有不少人仍在栽培土豆和玉米。

“主食是土豆”

那么，对主要生活在安第斯山岳地带的印加帝国国民来说，他们的主食到底是玉米还是土豆呢？这个问题我们也可以参考库洛尼卡，在此介绍一则材料。这是随西班牙军南下安第斯地区的一个士兵——谢萨·德·里昂所做的记录。他探访了的的喀喀湖畔的科利亚奥地区后表示：“科利亚斯（科利亚奥）这个地方是我见过的秘鲁面积最大的土地，人口也是最稠密的。”他还对当地人的生活和食材进行了下述记录：

原住民的房屋相互紧挨，形成了密集的村落。他们的家并不大，全都是石造的，房顶没有瓦，而是堆着他们常用的稻草。过去，科利亚斯的居住区有着大量人口，这里有好几个大村子，全都毗邻而居。现在，印第安人在村子周围耕种田地，栽培食用的谷物。他们的主食是土豆。那东西（中略）长在地下，类似松露（蘑菇），他们把它放在太阳下晒干，存放到下次收获的时候。他们管那些干燥后的土豆叫秋诺。这是他们十分珍惜的宝贝。因为这里和印加帝国的其他地方不同，没有灌溉田地的水。要是没有这种干燥的土豆作为粮食，这里的人们将遭受饥饿之苦。

（谢萨·德·里昂《动荡期的安第斯之旅》）

谢萨·德·里昂十分清晰地阐示了“他们的主食是土豆”。顺便一提，他就是著名的《印加帝国史》一书的作者。

其他的库洛尼卡中也有提到安第斯高原人民的主食是土豆，比如西班牙神父阿克斯塔就说过这么一段话：

新大陆的其他地方，比如秘鲁的高山地带、占秘鲁王国大部分的科利亚斯地区（的的喀喀湖畔的高原）等地，那里种不活小麦和玉米，印第安人会种植帕帕（土豆）这种与众不同的块茎蔬菜来取代它们。它们像松露一样，向上方长出小小的叶子。收获帕帕之后，人们会把它们放在太阳下充分晒干，碾碎后制成秋诺这种东西。秋诺可以保存很多天，起到了和面包一样的作用。

（阿克斯塔《新大陆自然文化志》）

从这些记述来看，在的的喀喀湖畔这样的寒冷高原上，人们的主食就是土豆，这种判断应该是比较妥当的。此外，他们的文字中还有个值得注意的地方。那就是两位都提到了秋诺的重要性。谢萨说，如果没有秋诺“人们将遭受饥饿之苦”，阿克斯塔也说，“秋诺可以保存很多天，起到了和面包一样的作用”。

这些记述都表明，秋诺作为土豆的贮藏食品发挥了很大的作用。如前所述，当人们认为“土豆难以长期保存”的时候，就应该特别提到这些内容。从世界范围来看，安第斯地区以外几乎还没人开发出能长期保存薯芋类食物的加工技术。

话说，人们又是出于什么原因栽培另一种主要农作物——玉米的呢？资料显示，它们似乎主要是用于酿酒的原料。这种酒一般称为奇恰，在印加帝国的消费量很大。国教“太阳教”的祭祀——“太阳祭典”中当然少不了它，在印加士兵或印加王的农田里耕作的印第安人也会播撒酿造这种奇恰酒的种子（见图 2-4）。

当然，玉米也被当作主食。据说印加王和贵族们尤其爱吃玉米。不过，很多库洛尼卡的记载表明：玉米更多的还是作为酿酒时不可或缺的材料，很多西班牙人都对奇恰酒进行了记录。

因此在印加帝国，土豆是主食，玉米是礼仪性的农作物，二者是这样的关系。

图 2-4　在印加王的农田耕作的人们正在播撒酿造奇恰酒的农作物种子［波马，1613］。

印加帝国与土豆

这么看来，印加帝国的粮食基础应该就是土豆。然而，这种论调肯定会招来反对的声音。“薯芋不可能产生出高度文明”就是其中之一。

确实，作为建立文明的粮食基础，薯芋类农作物与谷类相比有不足的地方。最大的问题就是之前提到的，相比容易贮藏的谷类，薯芋类农作物因水分较多，易腐烂不易贮藏。其次，薯芋类农作物相对较重，给运输带来了不便。大概就是由于这些缺点，才让人们觉得薯芋类农作物无法成为建立文明的粮食基础吧。

象征土豆的土器。印加时代之前的奇穆文物（秘鲁天野博物馆馆藏）。

但这只不过是忽视了安第斯地区的特性而得出的十分片面的论调。我们曾反复提到，安第斯人民用晒干的土豆制成秋诺这种加工食品，它们不仅能长期保存，重量也较轻，便于运输。另外，还要请大家注意，土豆的产量其实远远高于小麦和大麦等农作物。因此，不少地方都出现了土豆从小麦、大麦手中夺下主要农作物宝座的事例，后面我们也会提到。

印加帝国的土豆栽培技术在当时是极其优秀的。首先，如印卡·加西拉索说的那样，土豆的耕地有闲置机制。这种机制在防止地力衰退的同时，也有效地抑制了病害的发生。其次，将家畜粪便作为肥料也大大提高了产量。最后，农具的发达也是不得不提的一笔。之前我们说过，栽培土豆时踏锄是必不可少的工具，这在当时的整个美洲大陆都是最为先进的农具，现在在安第斯高原仍被广泛使用。

库洛尼卡中虽然没有明写，不过有个物品表明印加时代已经出现了各种不同的土豆品种。那就是象征了土豆的土器。

看到这种土器我们就能知道，现在安第斯地区栽培的土豆品种，一大半早在印加时代就已出现了。

如此看来，安第斯高原的原住民在几千年前就栽培了各种土豆，并且开发出了栽培技术与农具，甚至加工技术。凭借这些我们可以推断出，印加帝国壮大起来靠的就是土豆，这在世界范围内都是绝无仅有的。

第3章

“恶魔的植物”去往欧洲——饥荒与战争

已故美国前总统肯尼迪的浮雕，位于爱尔兰戈尔韦。他在1963年探访了曾祖父的故乡爱尔兰，特此纪念。

“发现”土豆

众所周知，征服印加帝国的是弗朗西斯科·皮萨罗带来的西班牙人。那时是1532年。后来印加军坚持抵抗了39年，一直持续到1571年。而西班牙征服者内部也是对立与武力冲突不断。

最终，征服者弗朗西斯科·皮萨罗被暗杀，他的弟弟冈萨罗·皮萨罗控制了秘鲁全域。但是，秘鲁的内乱仍在继续，城市和农村都遭到了破坏，一度十分丰饶的安第斯社会被逼入了悲惨的境地。为了收拾这种混乱状态，西班牙王室派出军队去讨伐冈萨罗。谢萨·德·里昂就在这支军队中。他于1535年远渡南美大陆，最开始停留在哥伦比亚，然后跟随讨伐冈萨罗的军队南下，还去到了秘鲁。当时，他在现为厄瓜多尔首都的基多附近写下了这样的文字：

说起地里栽培的食材，除了玉米，印第安人还有两种主食。其一是类似松露的东西，名叫帕帕。和肉同煮，帕帕会变得非常软嫩，就像煮熟的栗子一样。它和松露一样没有壳也没有核，这是因为它像松露那样生长在地下。

（谢萨·德·里昂《印加帝国史》）

这里所说的帕帕正是土豆，直到现在，仍有很大一部分安第斯人管土豆叫“帕帕”。上述文字写于 1553 年，谢萨·德·里昂是已知最早对土豆进行记录的欧洲人。当时除了安第斯人民，土豆几乎完全不为人所知，因此土豆算是欧洲人“发现”的。实际上，谢萨·德·里昂把土豆写成了类似松露的一种蘑菇，这也表现出了他第一次见到土豆时所产生的惊讶之情。把土豆描述成“类似松露的东西”并非只有谢萨·德·里昂，第 2 章中提到的阿克斯塔神父也采用了同样的表述。

何时进入欧洲

那么，土豆是什么时候从安第斯地区被带去欧洲的呢？其实，这是一个疑问。有记录表明，首次成功横渡大西洋的哥伦布亲眼见过美洲大陆的另一种主要农作物——玉米，并在第二年把它带回了西班牙，但人们却几乎找不到关于土豆的记录。首先，如前所述，西班牙人征服印加帝国是在 1532 年，可当时的记录里却没有土豆的踪影。这和哥伦布一行很快把玉米带回国形成了对照。或许是因为，西班牙人原本就把谷类的小麦作为主要农作物，因此更容易接受同为谷类的玉米。

其次，当时的欧洲并没有土豆等薯芋类农作物，第一次见到这种农作物的欧洲人可能并没有把它当成食物，所以对土豆也就缺乏兴趣了吧。

不过，谢萨·德·里昂可谓其中的例外。他南下安第斯地区之前曾在哥伦比亚停留了 13 年，所以他很有可能在许多地方都见过土豆，也见过人们食用土豆。

欧洲最早出现与土豆相关记录的国家是西班牙。时期虽然众说纷纭，但据说不论记录出自哪个欧洲人之手，它们都集中在 1565 年到 1572 年。可见，土豆应该是在 1570 年前后被带入欧洲的。然后，1573 年土豆成为西班牙塞维利亚医院里提供的食物，土豆栽培从此拉开了帷幕。

然而，据说一开始它的收成却极差。原本土豆是在安第斯高原那种低纬度、短日照条件下生长的，但西班牙却是高纬度、长日照，这就给块茎的形成造成了难度。或许是这个原因，虽然西班牙的一部分地区开始栽培土豆，但却迟迟无法普及。不如说，西班牙反倒成了土豆去往其他国家的桥梁，这点倒是值得大书特书一番。事实上，土豆正是通过西班牙进入了法国、英国、德国，从而扩散到了欧洲北部国家。

顺便一提，与土豆形成对比的是从美洲大陆引进的玉米，它则扩散到了意大利、希腊等欧洲南部国家。那是因为土豆适应较寒冷的气候，而玉米则适应温暖的气候。总之，从美洲大

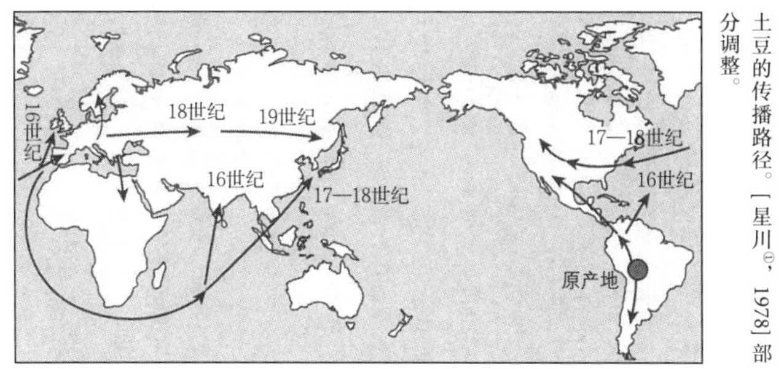

土豆的传播路径。[星川[1]，1978]部分调整。

陆而来的土豆和玉米成了欧洲人新的粮食来源，由此，人口的大幅增长就成为可能，甚至说是改变了历史也不为过。只是，历史的改变还是十分迂回曲折的，土豆一路走来可谓命运多舛。

去往法国

法国是西班牙北部的邻国，所以土豆大概是直接从西班牙传入法国的。时间相对较早的1600年，在奥利维尔·德·塞尔[2]所著的《农业概观与耕地管理》一书中，据说就有关于土豆的记述。不过，我没能亲自拜读原著。所以，在此介绍一下劳费尔[3]博士所著的《土豆传播考》中引用的文字。这段记述是这样的：

① 星川清亲（1933—1996年）：日本农学家。
② 奥利维尔·德·塞尔（约1539—1619）：法国农学家。
③ 贝特霍尔德·劳费尔（1874—1934）：德裔美籍人类学家、东方学家与汉学家。

这种植物是小灌木，叫作卡尔托福。果实也叫卡尔托福，因为结着与松露相似的果实，也有人就叫它松露。它是最近才从瑞士被带入（法国的）多菲内地区的。这是一种一年生的植物，因此每年都要重新种植一遍。它的繁殖通过种子，也就是从种植果实自身开始。

（奥利维尔·德·塞尔《农业概观与耕地管理》）

这段记述中也提到土豆类似一种蘑菇——松露，所以有人就叫它松露，这种看法延续了很长时间，甚至在1675年欧洲人所描绘的插图中仍然将它看作蘑菇的一种（见图3-1）。此时人们仍未充分理解土豆这种植物，从而对它产生了偏见。比如植物学家博安[①]在1671年曾对土豆留下了这样的记录（同样转引自《土豆传播考》）：

图3-1　17世纪的欧洲人描绘的土豆。当时他们仍把它当作蘑菇的一种（范·斯特尔贝克《菌类大观》，1675）。

在我国，土豆的块茎和松露一样，放入火堆里烤熟后，剥皮撒上胡椒即可食用，也能在烤后去皮切成薄片，加入浓

---

① 加斯帕尔·博安（生卒年不详）：瑞士植物学家。

稠的胡椒酱汁炖煮，食用后可补充体力。另外，它对改善体质虚弱也再好不过，因此是一种受人推崇的健康食品。土豆营养丰富，不比栗子或胡萝卜差，但它会胀气，食用后会在腹中积聚气体。据我所知，勃艮第人现在已经不吃这种块茎了。因为他们认为食用它会引发癞病。

（加斯帕尔·博安《植物园博览》）

这里所写的 17 世纪的土豆栽培虽然从弗朗什-孔泰到洛林、勃艮第，并扩张到了以里昂为中心的里昂内地区，但也绝对称不上是什么人气食物。因为人们对它持有“食用后会在腹中积聚气体”“会引发癞病”等种种偏见。

但土豆栽培还是渐渐地扩散到了法国各地，据前述的《土豆传播考》所说，1665 年它第一次出现在巴黎。然而那之后过了一百多年，1782 年卢格朗·多西仍表示：“它（土豆）在巴黎虽不算默默无名，但也只有下层阶级的人才会食用，有一定社会地位的人要是看见餐桌上放了土豆，会觉得自己的权威受到了损害。”

历经时光流逝，这种对土豆的偏见逐渐消失了。饥荒就是其转折点。即便是欧洲国家中相对风调雨顺的法国，也在 18 世纪遭受了 16 次饥荒。尤其是 1770 年的饥荒最为严重，而这时发挥出巨大作用的不是别的，正是土豆。它救了许许多多人的命。

以此为契机，一名研究者为普及土豆栽培站了出来。他就是著名的农学家安托万·奥古斯丁·帕门蒂埃（1737—1818），他同时也是一名化学家。七年战争中他在德国被俘，但他从当时食用的土豆中获得了启示，回到法国后，在路易十六的庇护下他开始了土豆栽培的普及。

其中一种普及方法有一则著名的轶事。帕门蒂埃曾派人把守土豆田，他的想法是：见到这景象的人肯定会觉得土豆是一种珍贵的东西。到了夜里，帕门蒂埃撤走看守，故意让人去偷土豆，借机普及栽培。但是，真相如何我们不得而知。或许只是美化他普及土豆栽培获得成功的一个故事罢了。

总之，帕门蒂埃打破了“土豆不宜作为人类的食物”“土豆是下层阶级的食物”等各种偏见，这是不争的事实。为了歌颂他的功绩，现在的巴黎地铁就有一个帕门蒂埃站，那里还竖了一尊帕门蒂埃给农民递土豆的雕像。

出于这个原因，进入19世纪后法国的土豆栽培年年扩

巴黎地铁站里的帕门蒂埃像。他正在给农民递土豆。（山本奈朱香氏摄影）

大。栽培面积也从1789年的4 500公顷扩大到了1892年的1 512 163公顷，一百多年里增长了300多倍。

伴随战争而扩大的土豆栽培——德国

另一种社会现象的出现，与饥荒一起推动了土豆在欧洲的普及。当时，欧洲北部的主要农作物是小麦和黑麦等谷类农作物，但这些谷物收成很低，因此饥荒频发。于是，欧洲各国都试图扩张领土，导致战争不断。结果，麦田遭到士兵们踩踏而荒芜，粮仓里的麦子也屡屡被掠夺。在这种状况下，土豆受战争影响则相对较小。因为即便田地被稍微踩踏，土豆仍然可以收获。田地也像粮仓，想什么时候收获就什么时候收获。况且，土豆的产量还是小麦等农作物的好几倍。

于是，土豆逐渐在欧洲的战乱中普及开来。它最早在17世纪80年代路易十四占领比利时的时候传入欧洲。接着，土豆由此传入了德国和波兰。尤其是发生在德国西南部的西班牙王位继承战争（1701—1714）中，土豆成了重要的农作物。在之后的七年战争（1756—1763）中，土豆又向东扩散，普鲁士与波兰也都开始了土豆栽培。拿破仑战争（1803—1815）[①]时土豆栽培进一步扩散到俄罗斯，欧洲北

① 谢国良编著的《拿破仑战争》一书中记载拿破仑战争时间为1803—1815年。——译者注

部的土豆栽培逐渐兴盛起来。

在此让我们聚焦德国，较为详细地了解一下土豆栽培的情况与它的影响。毕竟一说起土豆，不少人都会联想到德国，而它确实也深深地渗透到了德国人的饮食中。

土豆是在17世纪传入德国的，但最初它并不是食物，而是作为一种珍奇的植物被栽培在药草园里。改变这种状况的决定性因素就是之前所说的饥荒和战争。特别是惨烈的三十年战争（1618—1648），它为德国的土豆栽培做出了很大贡献。之后，普鲁士的腓特烈大帝也大力推动了土豆栽培。据说他强制因偏见而不食用土豆的农民栽培土豆，从而拯救了饥饿的人们。这就是“腓特烈大帝传说”。传说的真伪我们不得而知，不过那之后的七年战争和1770年的饥荒中，土豆栽培的优势确实是显而易见的。那之前土豆在德国只是家畜饲料，而之后人们对它转变了态度，把它当作食物。

顺便一说，戎马一生的腓特烈大帝最后一次战争是在1778年，围绕巴伐利亚王位继承问题与奥地利展开了对立，但这场战争却以“卡尔托福战争”（即“土豆战争”）之名而为人所知。这个别名来自两国军队相互把敌国的土豆田毁了个彻底，而双方却迟迟不开战，百无聊赖的士兵们便全身心地投入土豆栽培之中。

就这样，德国在18世纪末开始了正统的土豆栽培。不过，其渗透率因地域不同而出现了很大差异。多山且土地贫瘠的地方基本都会种植土豆，但在气候温暖适宜种植谷物的地域，土豆栽培就渗透不进去了。原本土豆就诞生在寒冷的安第斯高原，土豆的这种耐寒特性也在欧洲得到了充分利用。而且在这种地域，荞麦和杂谷只能种在山间的狭小农田里，农民们的生活苦不堪言，因此土豆对他们来说是一种非常理想的农作物。

于是从 17 世纪末到 18 世纪，德国只有一部分地区栽培土豆。其中也有对土豆根深蒂固的偏见。尤其是土豆含毒一说，许多人对此深信不疑。确实，土豆的芽含有大量有毒的茄碱，不知情而误食会引起腹痛，或许还有人会食物中毒。更有一种说法是，土豆具有催情功能，也就是会导致性欲亢奋。因此，土豆总给人留下一种劣等植物的印象。因此直到 18 世纪中叶，大部分地区仍把土豆作为家畜饲料，而未让它登上贫民救荒农作物的舞台。

饥荒成为转机

在法国那一节我们提过，18 世纪 70 年代初期发生的大饥荒成为这种动向的转折点。当时的饥荒是由漫长的凛冬与连绵不绝的夏雨共同造成的，这给谷物生长带来了毁灭性的打击。而栽培了土豆的地区却几乎没有受到饥荒的影响。于是人们重新认识到了土豆的价值，从 18 世纪末开始，土豆栽培迅速地扩散到了德国各地。随着土豆的高产量、耐寒性、高营养价值等特性被广为人知，土豆的栽培面积也顺利得到了扩大。而且，土豆以其极高的单位面积人口抚养力支撑了 19 世纪前半叶德国的人口激增，扎根在一般民众的餐桌上。

让我们具体来看看当时平民的饮食。其实，要想知道平民的饮食内容并不容易，不过医院与济贫院等救济机构会分发食物，从中我们可略知一二。比如，这里有一份 1785 年德国西北部不来梅贫民救济机构的一周饮食表，我们可以看到，每天的午餐基本都是黑面包配黄油，晚餐是粗磨荞麦粥和黑面包配黄油，土豆只有每周日的午餐才会出现。此外，这份记录中没有记载早餐。

到了 19 世纪中叶，这种状况突然发生了转变。表 3-1 是 1842 年的一张贫民救济机构饮食表，来自位于不来梅与比利时正中间的布伦瑞克（这张表同样没有记录早餐），表里每天都有土豆的身影。而且，一人一次可获得多达 1 千克的土豆，甚至还有中午、晚上都吃土豆的日子。也就是说，18 世纪末到 19 世纪中叶，食物的中心从谷物粥转向了土豆，可谓变化巨大。

表 3-1　布伦瑞克贫民救济机构的饮食（1842 年）

一人一次的量

时间	午餐		晚餐	
周日	土豆 白芸豆	1 000 克 130 克	黑面包 黄油 脱脂牛奶	346 克 15 克 0.3 升

续表

时间	午餐		晚餐	
周一	土豆 碎麦米	1 000 克 130 克	黑面包 黄油 脱脂牛奶	346 克 15 克 0.3 升
周二	土豆 胡萝卜	1 000 克 150 克	土豆汤 黄油 脱脂牛奶	1 000 克 15 克 0.3 升
周三	土豆 小扁豆	1 000 克 130 克	黑面包 黄油 脱脂牛奶	346 克 15 克 0.3 升
周四	土豆 豌豆	1 000 克 130 克	煮烂的土豆 黄油 脱脂牛奶	1 000 克 15 克 0.3 升
周五	土豆 芜菁甘蓝	1 000 克 150 克	煮烂的土豆 燕麦片 黄油 脱脂牛奶	1 000 克 20 克 15 克 0.3 升
周六	土豆 白芸豆	1 000 克 130 克	黑面包 黄油 脱脂牛奶	346 克 15 克 0.3 升

[H.J. 托特贝塔 & G. 维格曼，1972]

实际上，1850 年左右德国一年的人均土豆消费量约为 120 千克，而到了 1870 年后半叶便接近 200 千克。1880 年年初到 1890 年前后，更是从 250 千克上升到了 300 千克。进入 20 世纪，土豆对德国人来说几乎称得上是“国民食品”，在日常生活中发挥着重要的作用。

在德国的邻国荷兰，19 世纪，土豆也成了一般民众的日常食物。有件作品充分表现了这一点，那就是梵高在 1885 年创作的名作《吃土豆的人》（见彩插）。如本书开

阿姆斯特丹的市场里出售着品种繁多的土豆。

头的插图所展现的那样，这幅插图表现了农民一家用那挖土豆的手拿着盘子里小山似的土豆进餐的样子。梵高在给他弟弟提奥的信中是这么描述的：

> 我想强调的是，这些在昏黄的油灯下吃着马铃薯的人，他们拿盘子的手，同样也是耕种大地的手。也就是说，这幅画表现的是“手工劳动”，以及这些人是如何正直地获取自己的粮食的。
>
> （梵高《梵高的书信》）

现在土豆仍是荷兰人极其重要的食材，年人均消费量超过了 90 千克，比德国的 73 千克还要多。去阿姆斯特丹的超市里瞧瞧就能知道，仅土豆就占据了大货架的一角，包含了十几个不同的品种。

从“危险的植物”到主食——英国

据说土豆首次出现在英国约在16世纪末。最早对此进行记录的是本草学家约翰·杰勒德著的《本草书，或一般植物志》（1597）。这本书的封三是杰勒德肖像画，他手里拿着的正是土豆的花（见图3-2）。同时，书中也对土豆的外观和性质进行了正确的记录：

（土豆的根）很粗，胖墩墩的，呈瘤状。其形状、颜色、气味和普通的番薯没有太大不同。只是，它的根既不很大也不很长，有的呈球形，有的呈椭圆形，也就是蛋形。因此，土豆的根既有长的也有短的。瘤状的根通过无数丝状纤维和茎连在一起。

（约翰·杰勒德《本草书，或一般植物志》）

图3-2 手拿土豆花的杰勒德肖像画（选自《本草书，或一般植物志》，1597年版）。

那么，土豆是经谁之手，又是如何来到英国的呢？关于这一点有许多说法，至今也没有明确的结论。而已知的是，从 16 世纪后半叶开始到 17 世纪前半叶，土豆已是英国人熟知的农作物，但不算太有人气，也没有得到普及。别说普及，大众与学者们都一致认为“土豆是危险得不能再危险的植物”，不论圣人还是罪人都该离它远远的。

于是，土豆在英国的普及也花了相当长的时间。亨利·菲利普斯[①]把这个经过记录得非常清楚：

土豆经过了漫长的年月才为一般人所食用。因为有些人认为它不适合食用，还有些人认为它有毒。今天，这种蔬菜成了大地赋予人类的最大恩惠。我们无须水车就能把它磨成粉，无须烤箱就能把它烤来吃，一年四季都非常美味，对健康也很有益，而且不需要高价或是有害的调味料来助阵。但是，下层阶级却是最后接受这种宝贵块茎蔬菜的人群。无知的人确实是很难克服偏见的。对土豆持有偏见的人很多，因为它是茄科植物，也就是属于有毒的龙葵，所以人们认为它带有催眠性。

（亨利·菲利普斯《栽培蔬菜的历史》）

由于欠缺土豆栽培的相关知识，或是不了解料理方法，

① 亨利·菲利普斯（1779—1840）：英国植物学家、园艺学家。

土豆遭到了差评。此外，苏格兰等地对土豆带有宗教性偏见，“圣书上都没记载的植物”这样的理由也延缓了普及的速度。尽管土豆栽培的普及在英国十分迟缓，不过到 1840 年左右土豆还是成了英国人的家常菜。这或许是受到了与英国一海之隔的爱尔兰的巨大影响。后面我们会提到，爱尔兰人早早地把土豆当成了食物，甚至可以说是 19 世纪爱尔兰人的主食。从 1710 年到 1821 年英国进行第三次国势调查为止，英国人口的增长约为 100%，而爱尔兰却超过了 166%。这都是便宜而量大的土豆的功劳。

炸鱼薯条的登场

尽管土豆已进入英国人的日常饮食，但人们依然认为它是“贫民的食物”或劳动阶层的食物。在英国，提到食物首先想到的肯定是肉类，通常还附带用小麦粉烤制的面包。可是，肉类很贵，小麦面包也不便宜，因此不得不用土豆来填补。19 世纪 60 年代土豆和鱼就成了劳动阶层的代表食物。因此 1861 年左右，伦敦街头出现了很多出售“热土豆”的商贩（见图 3-3）。

热土豆，或许首先会让人联想到蒸土豆，其实它是烤出来的土豆，即“烤土豆”。这种土豆是请面包房帮忙烤的。放在白铁皮制成的大浅底锅里得花上一个半小时才能烤

图 3-3　卖烤土豆的男人。他边卖边吆喝：『烤土豆嘞——热腾腾——』。（亨利·梅休，1992）

好。作家亨利·梅休[1]曾对这些卖烤土豆的街头商人做过调查，留下了宝贵的记录，让我们来介绍一下：

为了保温，人们会用 1 码（约 91.4 厘米）半长的绿色毛织物包住烤出来的土豆，并将其装在篮子里带走。然后，叫卖的小贩会把土豆放入带了半个盖子的白铁皮容器里。这个带四条腿的容器有个大大的拎手。装土豆的容器下方悬挂着一个铁质火壶。火壶上面是烧热水的容器，虽然封起来了看不见里面，但它一直在给土豆保温。容器的外侧，一边是装了黄油和盐的小隔离室，另一边也同样有个小隔离室，里面装着新炭。烧水器上方，盖子的旁边装着排出水蒸气的小管道。（中略）卖土豆的商人颇以这种移动小摊为傲。

（亨利·梅休《伦敦后街生活志》）

① 亨利·梅休（1812—1887）：英国社会调查家、新闻记者、剧作家。

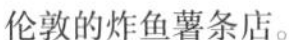
伦敦的炸鱼薯条店。

炸鱼薯条。

英国在18世纪后半叶进入了工业革命时期。其结果是推动了生产活动的机械化和动力化，普及了工厂制。随之而来的是工业化城市的建立和资本家与工厂劳动者的阶级分化。工业化的推进最终使得土豆和炸鱼成了英国劳动者的核心食物。城市里到处都是出售“炸鱼薯条”的店铺。

“炸鱼薯条”指的是，将油炸的比目鱼、鲽鱼、鳕鱼、小虾和油炸薯条放在一起，佐以番茄酱或醋的食物。选择“外带”的时候，据说会将纸折成三角形，先放入炸薯条，再放进炸鱼。这种“炸鱼薯条”的普及是在19世纪中期，尤其是19世纪60年代以后。到了20世纪初，伦敦已有1 200多家炸鱼薯条店。其背景是当时人们用汽船进行拖网捕捞，能捕获大量鱼类，同时出现了冷冻技术，也确立了铁道运输手段。因此，炸鱼薯条成为劳动者的主食正是基于工业革命的技术更新，从这个角度想，它甚至可以说是工业革命的象征。

“热爱土豆”—— 爱尔兰

在欧洲各国还都对土豆持有偏见时，出现了唯一一个因“热爱土豆”而为人所知的地方，那就是英国以西一海之隔的爱尔兰。爱尔兰是个仅有日本北海道那么大面积的小国，历史上它曾因“热爱土豆”而让大部分国民遭遇了重大的灾祸。所谓的因土豆而起的“大饥荒”指的就是这件事。不仅爱尔兰，美国、英国、澳大利亚等地也都被卷入了这场全球规模的大饥荒中。接着，就让我们来详细介绍一下爱尔兰的情况吧。

据说土豆进入爱尔兰是在16世纪末，和其他欧洲国家不同，17世纪时土豆就成了爱尔兰农田里的农作物，18世纪已经有不少人把它当成了主食。这和爱尔兰特殊的地理环境有关。首先，爱尔兰位于北纬50度以上的高纬度地区，约到一万年前的洪积世（更新世）为止全岛都被冰河覆盖，因此那里土层很薄。其次，由于气温低，土壤中缺乏农作物生长所需的腐殖质。不过，这样的土壤和气候却非常适合土豆生长。

话说回来，土豆并不是一夜就跃上了主食的宝座。最初，大部分爱尔兰人的主食是燕麦，他们会将其制成燕麦片来食用，同时辅以黄油等乳酪食品，尤其在秋季收获燕麦之前。爱尔兰人在夏季会将乳酪食品当主食。但是到了冬季，只有爱尔兰概略图。

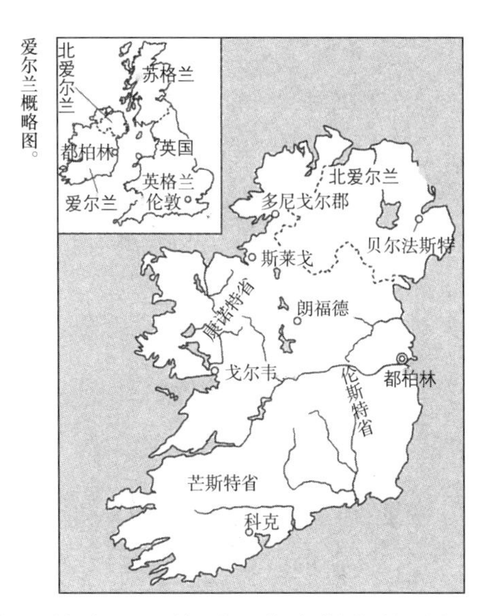

燕麦和乳酪食品就不怎么够吃了。特别是燕麦歉收的时候，粮食不足的问题立刻就暴露了出来。在这种情况下，土豆就受到了关注。事实上，从1660年开始到1670年，土豆曾多次救了燕麦歉收的急。

爱尔兰人接纳土豆还有其社会背景。首先，当时的爱尔兰是英国的殖民地，但信仰基督教的爱尔兰人与信仰新教的英国人在宗教信仰上是对立的。很多爱尔兰基督教徒拥有的农田遭到没收，被分配给了英国新教徒。于是被英国人夺去土地的爱尔兰人不得不成为佃农。这种情况下，主要栽培麦子的佃农就必须支付土地费用，但种植土豆则没有这个必要。

其次，土豆无须投入大规模资本就能方便地进行栽培，这也是它的优点之一。农具只需简单的踏锄。有了它，农民们就能用人力开垦土地。说是开垦，其实也不用耕遍整块地，只需堆出种植土豆的那部分土地，再用踏锄耕种即可。因此，这种方法被称为“Lazy Bed”，也就是“懒汉苗床”的意思。肥料除了使用家畜粪便，靠近海岸的地方也会使用海草。

“懒汉苗床”尽管受到讽刺，但用这个方法栽培的土豆也能长得很好。尤其是，通过这种方式堆起来的苗床，还简单地解决了爱尔兰经常性的排水问题。其实，土豆的故乡安第斯地区自古以来就在使用这种方法，详情可查看第 2 章。

于是，土豆栽培在爱尔兰急剧发展起来。结果，土豆进入爱尔兰后的一百年间，提到爱尔兰人就会跟“热爱土豆”联系起来，可见他们有多爱吃土豆。而到了 18 世纪中叶，土豆几乎成了他们唯一的粮食。撰写了《改变世界的植物》一书的道奇曾有过这样的记录——当时，去爱尔兰旅行的人甚至说：“这里一年有十个月只靠土豆和牛奶过活，剩下的两个月则只靠土豆和盐。”

实际上，当时一个爱尔兰人一天的土豆消费量就达到了 10 磅[①]（约 4.5 千克）。土豆营养均衡，富含维生素和矿物质。因此，只要再喝点牛奶，营养就完全足够了。爱尔兰的土豆栽培面积逐步扩大，人口也随之激增。1754 年爱尔兰拥有 320 万人口，过了不到一百年，到 1845 年其人口就增加到了 820 万。

---

① 1 磅 =0.453 592 4 千克。——译者注

“土豆大饥荒”

然而，那之后等待爱尔兰的却是一场意想不到的悲剧。1845 年 8 月 16 日，《园艺编年史》杂志报道了英国南部的怀特岛上爆发的新型疫病。一周后，该杂志的编辑、著名的植物学家林德利也报道了土豆田里发现的重大疫病。这种病首先会在叶子上扩散斑点，最终令其变成黑色。之后坏疽会扩散到茎与块茎，并使其发出恶臭。

不过，在这个时间点上，爱尔兰人对这场灾害仍抱着隔岸观火的态度。因为疫病还没有扩散到爱尔兰。但是，转眼间疫病就蔓延到了整个英国，之后病原菌还是入侵了爱尔兰。当年的灾情还比较轻微，但即便如此，据推断爱尔兰的土豆产量已经减少了一半。换算成当时的货币，仅爱尔兰就损失了 350 万英镑，英国则达到了 500 万英镑。

于是，爱尔兰政府从美国紧急购入了 10 万磅玉米，但玉米并不对爱尔兰人的路。因为食用玉米需要把它磨成粉，但没几个爱尔兰人拥有磨面机。

怀特岛。土豆的疫病就是从这座岛上扩散开来的（山本祥子摄影）。

疫病的肆虐并未止步于1845年。第二年的情况更为惨重。关于这段灾情，著名的历史学家雷德克里夫·萨拉曼[1]博士引用了某位基督教神父的见闻：

1846年7月27日，我从科克去都柏林，途中见到土豆花开得正盛，像是在预示着丰收一般。但是，8月3日我回程时却见到了一派凄惨的光景。土豆全都腐坏了。田埂上到处呆坐着哀愁的人们，他们紧紧握着拳头，流泪哭泣。因为他们失去了粮食。

（雷德克里夫·萨拉曼《土豆的历史和社会影响》）

这回，九成土豆在疫病里毁于一旦。随后严酷的寒冬接踵而至。11月暴雪袭来，人们依靠焚烧干草好不容易扛过了严寒。1848年严重的饥荒再次降临，饿殍遍野，“大饥荒”由此得名。

不过，相比粮食不足导致的饿死，其实更多人是病死的。营养不良使得体质较弱的人染上了各种疾病。流行性热病如野火一般席卷了整片国土。人们称之为“饥饿热”，其实是白喉与回归热。关于这种“热病”，拉里·朱克曼[2]引用了1846年的见闻记，介绍如下：

① 雷德克里夫·萨拉曼（1874—1955）：英国植物学家、土豆培植者。
② 拉里·朱克曼：美国自由撰稿人。

最先进入的陋室，有6具瘦得仿佛死尸的人体，看上去很可怕，他们全都挤在屋子角落的一堆肮脏的茅草上。脚上仅仅包裹着类似马衣的破旧粗麻布。骨瘦如柴的腿晃晃悠悠地垂着，膝盖往上都是光着的。我胆战心惊地慢慢接近，才从那低沉的呻吟声中意识到他们还活着。这是热病。4个孩子、1个女人，还有1个男人，如果他还活着的话。我不敢继续观察更为细致的部分。现在能说的只是，那之后的几分钟里，至少出现了两百个类似的幽灵。这里就是个无以言表的恐怖地狱。

（拉里·朱克曼《土豆拯救世界》）

除了这种“热病”，麻疹、赤痢、霍乱也四处横行。人们食用缺乏维生素C的玉米粉，又患上了败血症。如图3-4所示，病死的人数在1851年总算有所下降，但至此为止的“大饥荒”中爱尔兰丧失的人口达到了100万人，这是众多历史学家达成的一致见解。由于死者过多，棺材和墓地都纷纷告急，只能直接用板车把遗体运走，集体埋葬（见图3-5）。

当然，爱尔兰人不可能坐以待毙。很多人不再指望衰败的爱尔兰政府，而是接二连三地去国外寻找新天地。他们与其说是移民，不如说是现在所说的难民。他们被装进臭名昭著的“棺材船”，去往了新的国度。而五分之一的人在到达目的地之前就丧了命。

对他们来说，新天地是能通用英语的英国、美国、加拿大、澳大利亚、新西兰等国。图 3-6 所示的是“大饥荒”爆发之后从爱尔兰移民去美国和英国殖民地的人数，我们可以发现在“大饥荒”时代，即 19 世纪 50 年代前期移民人数激增。不过这张图没有包含从爱尔兰移民去英国的人数。据推断，恐怕是因为英国离爱尔兰实在太近，移民已经远超这张图能表示的数量了。

就这样，学者们估计“大饥荒”中有 150 万人离开了爱尔兰。然而，等待着这些贫困无业难民的是一条苦难的道路。尤其是在新教徒占大多数的美国，基督教系的爱尔兰移民会感到抬不起头。在美国社会，爱尔兰基督徒就是污名的化身，如果他们去求职，就会遭到歧视。实际上，一部分老板拒绝雇用基督教系的爱尔兰人，甚至还特地在招工广告里注明“我们不招爱尔兰人”。不过，爱尔兰人马上就给这侮辱性的文字谱了首曲，它成为整个 19 世纪 70 年代人气排名第二位的歌曲：

我是坚强的爱尔兰人
出生于巴里伐德[①]
我想要工作
想得望眼欲穿
见到某条告示后我想啊

① 此处为音译，原文为バリファッド，对应的是 Ballyfad。——译者注

图 3-4 土豆饥荒导致的疾病死因（詹姆斯·唐纳利[①]，2001）。

图 3-5 用板车运送遗体（插图来自《伦敦新闻》，1847）。

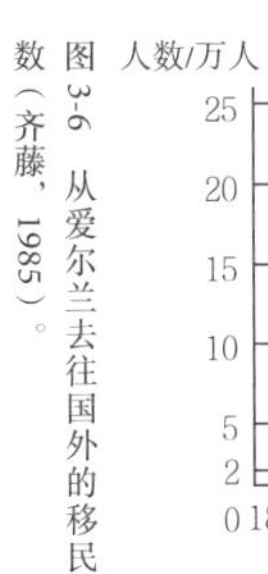

图 3-6 从爱尔兰去往国外的移民数（齐藤，1985）。

---

① 詹姆斯·唐纳利（1943— ）：美国历史学家，他是研究 19 世纪爱尔兰历史的领军人物。

这工作简直太适合我啦

然而，那个大蠢蛋

居然还加了这么一句话

“我们不招爱尔兰人”

这话说得真够无礼的

但是，我真想得到这份工作

于是我去见了对方

见了那个写出这种文字的恶党

“我们不招爱尔兰人”

有些人会认为

帕特和丹这种洗礼名会招来不幸

但是，对我来说这是荣誉啊

这是爱尔兰人生来就有的名誉

（米拉 & 瓦格纳《从爱尔兰到美国》）

在这充满苦难的社会中，最终还是出现了成功人士。其中甚至有人的后代当上了美国总统，他就是 J.F. 肯尼迪。他的曾祖父就是在 1848 年因大饥荒从爱尔兰移居到美国的。

“大饥荒”的原因与结果

那么，到底是什么给爱尔兰招来了如此严重的饥荒呢？

首先让我们来找找发生土豆疫病的原因。当时的人们并不知道这种病的起因，后来学者发现它源于一种叫疫霉菌的真菌，被它侵害的土豆就会患上土豆疫病。它有可能是从美洲大陆传过去的。之后，就像我们前面说的，1845 年 6 月疫病最早出现在了怀特岛，接着向整个欧洲扩散。

可是，为什么土豆疫病只在爱尔兰引发了大饥荒呢？用一句话来归纳就是：因为爱尔兰人“太热爱土豆”了。也就是说，因为他们太过依赖土豆，所以在发生饥荒的这种非常时期里没有其他可替代的农作物。加上，人们只盯着单一品种进行栽培，更是令灾情雪上加霜。土豆本身有很多品种，但爱尔兰从 19 世纪初开始只栽培一个叫朗帕的品种。它在营养方面劣于其他品种，但因为它更能适应贫瘠的土壤，所以普及到了爱尔兰全境。然而，土豆繁殖靠的是块茎，也就是所谓的克隆，所以单一品种的栽培就失去了遗传多样性。因而，当病害发生时，对此不具备抗性的土豆品种都会遭受相同的攻击。爱尔兰的大饥荒正是由此导致的。

不过，我们不能把发生大饥荒的所有原因都只归于土豆的疫病，还必须把爱尔兰当时的社会状况纳入考虑的范围。如前所述，当时的爱尔兰是英国的殖民地，农民都挣扎在贫困线上。发生饥荒之后，政府却没有采取充分的应对措施。为解决粮食短缺问题，虽然有必要尽快从国外进口便宜的谷物，但由于存在《谷物法》——为维持谷物价格而制定的法律，谷物的进口遭遇了阻力。而自由市场中的放任主义，

爱尔兰北部斯莱戈近郊的放牧地。

即“自由放任经济”，更是给原本不甚顺畅的应对措施火上浇油。结果，几乎没有多少谷物通过政府渠道进口到爱尔兰。更甚的是，由于未对出口进行管制，在大量爱尔兰人饿得前胸贴后背的时候，谷物却仍然不断地流向国外，这简直匪夷所思。

就这样，在饥饿与疾病，以及难民出逃国外的多重问题下，爱尔兰人口锐减。甚至大饥荒后还在持续减少，1911年时跌到了440万人，比1845年少了一半。实际上，其后遗症一直延续到了现在，1990年时爱尔兰人口只有约350万人。而在美国，据说拥有爱尔兰血统的人口有4300万人，全世界范围内则达到了7000万人。

大饥荒不仅导致爱尔兰人口减少，而且由于农村劳动力不足，耕地最终也被大片放牧地所取代。2006年，我到曾发生严重土豆饥荒的爱尔兰西部的康诺特省考察时发现，离城镇稍有一点距离的地方已经见不到什么人家，也几乎没有农田，尽是突兀的放牧地。望着那些稀疏的人家，我禁不住想：康诺特省至今仍未摆脱饥荒的后遗症啊。

第4章

喜马拉雅的“土豆革命”——云上的农田

珠穆朗玛峰脚下采收土豆的夏尔巴女性（海拔约4200米）。

◇◇◇◇◇◇◇◇◇◇◇◇◇◇◇◇◇◇◇◇◇◇◇◇◇◇◇◇◇◇

高原夏尔巴人

尼泊尔东部和中国的国境线交接地带有个叫索卢·昆布的地区。如果你喜欢山，估计你会想去那里瞧上一瞧。据说造访索卢·昆布的徒步者，不仅是尼泊尔，也是全喜马拉雅山域中最多的。毕竟中尼边境附近的8座海拔超过8 000米的高峰中有一半都在这一区域内。除此之外，这里还有许多海拔7 000米的高山，整个地区高峰林立。本章就让我们来看看索卢·昆布这块土地吧。因为这里居住着以登山向导和背夫而出名的夏尔巴人，引进土豆产生的“土豆革命”在短期内给他们的生活带来了巨大的变化。

生活在索卢·昆布地区的一大半人是以夏尔巴人这个名字而为人所知的。说到夏尔巴人，日本人只知道他们是登山向导或背夫，其实他们是一个显赫民族的后裔。夏尔巴人这个词是“东方人”的意思，人如其名。他们原本是居住在西藏高原东部的藏民族，在距今大约五百年前跨过喜马拉雅山移居到了尼泊尔。他们的特征是：大部分人都生活在海拔3 000 ~ 4 000米的高原，通过农业和畜牧业来维持生计。

尤其是索卢·昆布地区中昆布地区的夏尔巴人，他们生

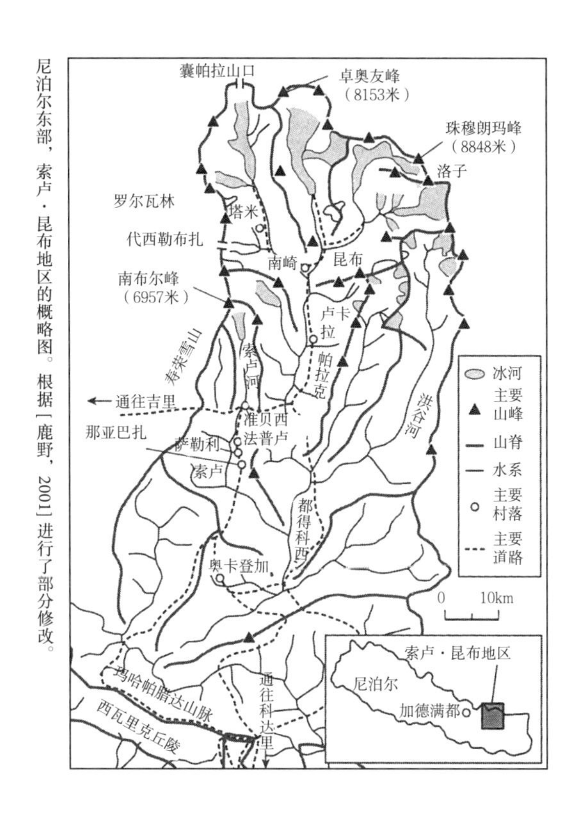

尼泊尔东部，索卢·昆布地区的概略图。根据［鹿野，2001］进行了部分修改。

活在海拔4000米左右的高地，又被叫作“高山夏尔巴人”。而索卢地区的夏尔巴人则生活在海拔3000米左右、相对较低的地方。昆布地区我只去过一次，我曾和十几名研究伙伴一起长期居住在索卢地区，进行人类学调查。相对于有许多人类学学者进行调查的昆布地区，对索卢地区的调查较少，为了填补这方面的空白，我才一头扎进了索卢地区。接下来我们会对比二者的异同并进行介绍。首先来看看文献资料丰富的昆布地区。

珠穆朗玛峰脚下

昆布地区总体来说位于珠穆朗玛峰的山脚下。因此，有些地方能眺望到珠穆朗玛峰。由于地处高原，一年中有一半的时间都是低温，所以无法进行农业生产活动，农作物栽培仅限于四月中旬到九月初。这里的主要农作物是荞麦、土豆、芜菁和大麦等。它们之中只有土豆是新来的，在喜马拉雅地区栽种的历史还很短。那么，土豆是何时从何地被引进尼泊尔的喜马拉雅地区的呢？

据说土豆最早是在 19 世纪中叶传进昆布的。根据走遍喜马拉雅地区的植物学家胡克[①]的记述，1848 年他在位于尼泊尔东部的干城章嘉山麓见过土豆，并认为它是近年引进的植物。看来，土豆进入尼泊尔的喜马拉雅地区比进入欧洲要晚两三百年。而其流入依靠的则是大吉岭（印度）的欧洲移民和加德满都英国人居住区的农田。

那么，引进土豆之后出现了什么状况呢？最权威的夏尔巴研究者海门多夫[②]博士认为，土豆就此在昆布地区迅速得到了广泛的栽培。其最大的原因还是人们对土豆高产量的追求。它的产量远远高于本土大麦和荞麦，因此，据说人们甚

① 约瑟夫·道尔顿·胡克（1817—1911）：英国植物学家。

② 克里斯托夫·冯·菲雷尔-海门多夫（1909—1995）：奥地利民族学家，在南亚次大陆生活了 40 年，以其田野调查闻名。

从昆布地区远望到的珠穆朗玛峰。

至在荞麦田里种起了土豆。其实，现在去昆布地区走走就能发现，你几乎看不到荞麦田，满眼只有土豆田。

还有一个体现昆布地区土豆栽培量激增的现象，就是人口的激增。1836 年昆布地区的人口为 169 户，到 1957 年大幅增加到了 596 户。人口的增长不单单源于土豆的高产量，还与它的高营养价值息息相关。土豆是一种营养价值很高的农作物，它改善了夏尔巴人的营养状况，也降低了病人死亡率。昆布地区粮食丰收，也引来了自古就与之交流的西藏人的移居。于是，海门多夫博士给出了结论：土豆为昆布地区的经济带来了一场“革命”。

“土豆革命”争论

土豆在昆布地区急速扩散，给 19 世纪的农业、人口与社会甚至文化都带来了变革，这一状况是获得了普遍认同的。

其中有研究者认为，在引进土豆之前，夏尔巴人中没有农耕民，只有游牧民。而前文提及的海门多夫博士则将夏尔巴社会的繁荣归功于土豆的栽培，他是这么说的：

> 19 世纪中叶左右，昆布地区的人口只有现在的一小部分，这一百年来的大幅人口增长毫无疑问和土豆栽培的普及密切相关。（中略）这么一想就不难把新农作物的引进和人口的显著增长关联起来了。
>
> （海门多夫《尼泊尔的夏尔巴人》）

美国地理学家 S.F. 史蒂文斯教授对这种主张表示了怀疑。他认为海门多夫博士的论断缺乏根据。比如，海门多夫博士把“1957 年的人口为 1836 年的 3 倍”作为人口激增的依据，但史蒂文斯教授指出，其实这个数字与尼泊尔全国的人口增长差别并不大。不过他也承认，玉米栽培的引进和梯田上的水田耕作等新型农业技术革新确实推动了尼泊尔全国的人口增长。

也就是说，史蒂文斯教授认为将土豆的引进与人口增长挂钩这一结论太过轻率。因为地方性的人口增长有可能是自然的人口增长与移居的结果。

在此我添加一条自己的观点。史蒂文斯教授只对流入昆布地区的人口进行了阐述，却未提到从昆布地区流出的人口。昆布是夏尔巴人居住的地域中海拔最高、气温最低、环境最恶劣的地区，因此可以想到他们会往更温暖的地方移动。进一步说，从 1921 年开始，印度大吉岭出现了有组织的夏尔巴雇用登山队，因此人口也有可能从那时开始往大吉岭迁移。综上所述，我们不仅要考虑昆布地区的人口流入，也必须考虑人口流出。

史蒂文斯教授还对其他观点进行了批判。那就是：土豆的引进和普及速度其实并没有人们想的那么迅速。根据他的论述，当地虽然引进了好几个土豆品种，但在 1930 年引进品种更新、产量更高的里奇・摩尔这种红色土豆之前，土豆栽培并不是昆布地区的农业重心。关于这一点或许确实如他指出的那样。早年引进的土豆品种产量很低，可能并未给当时的农业造成多大的影响。我们将在后面的索卢地区事例中和大家讨论这种可能性。

史蒂文斯教授针对海门多夫博士的“土豆革命”说还有一条反论。在介绍它之前，我们先来介绍海门多夫博士的那条论断：

> 新的寺院或是宗教纪念碑等建筑，甚至修道院等，都是近五十到七十年间出现的。（中略）对于这种现象，我的意见是：毫无疑问，这都是土豆的引进以及随之而来的农业生产不断扩大所产生的结果。
>
> （海门多夫《尼泊尔的夏尔巴人》）

对于这种意见，史蒂文斯教授认为：我们不能高估农业高产量所起的作用，而应该对宗教建筑物或纪念碑的建设背景进行更为严密的探讨。其实，村里所见的寺院基本上全都建于 1830 年以前。也就是说，他认为宗教建筑物或纪念碑在“土豆革命”之前就已存在了。

然而，关于这一点，我觉得史蒂文斯教授有所疏漏。比如，索卢·昆布地区最早的尼僧院是 1916 年在昆布地区的汤坡崎动工的。在德乌切（昆布地区）动工的索卢·昆布地区最早的尼僧院则是 1928 年完成的。而在 1940 年左右，昆布地区塔米村的寺院里开始举办和假面舞会同时进行的夏尔巴舞蹈节。换句话说，昆布地区的修道院和尼僧院的建立与“土豆革命”是并行的，宗教活动非常兴盛，这和史蒂文斯教授的主张是不一致的。

不过，史蒂文斯教授也绝没有轻视土豆给昆布地区做出的巨大贡献。不如说，他一直在积极地使用“土豆革命”这个词。只是史蒂文斯教授认为，真正的“土豆革命”始于前述的里奇·摩尔这个新品种的普及，即 1950 年左右。因此，尽管在时间上还留存疑问，但土豆的普及为生活在昆布地区的人带来了堪称“革命”的巨大影响，这一点是毋庸置疑的。实际上，根据史蒂文斯教授的观察，昆布地区夏尔巴人的饮食对土豆有着很强的依赖性，每个成年人日均要吃掉 1 千克以上的土豆，四口之家一年的土豆消费量在 1 ～ 2 吨。

接下来，我们说说索卢地区吧。之前我也提到，索卢地区是我们自己进行调查的，在此我来为大家报告一下调查结果。

索卢地区的夏尔巴人

我们在索卢地区调查的地方通称准贝西谷。山谷的上游方向可以望见海拔 6 957 米的南布尔峰。而在海拔 2 675 米的山谷中心部位有个不足百户的小村落，就叫准贝西村，住民全都是夏尔巴人。有种说法表示，准贝西村是尼泊尔的喜马拉雅地区最古老的夏尔巴村落。

除了将准贝西村作为调查基地，我们还曾长期驻留在另一个村落。它是位于准贝西村 200 米之上、海拔 2 900 米的庞卡玛村。这里也居住着夏尔巴人，是一个只有 13 户人家的小村子。村民大半从事农业，以小麦、大麦、土豆等为主要农作物，也会栽培萝卜、芥菜等蔬菜。我们借住在其中一户村民家里，对周围的村落进行调查，还会将采集来的植物

准贝西村（近处可见的村落）。后方的雪山是南布尔峰（海拔 6 957 米）。

进行干燥处理或制成标本。所以，在这家待得越久，我们对夏尔巴人的饮食生活就越了解。在此，我想围绕这家的食物来介绍一下夏尔巴人如何将土豆作为饮食生活的核心。因为，这里和昆布地区稍有不同。

阁楼里的开放式厨房

我们在庞卡玛村见到的夏尔巴人的家都是结实的二层木造建筑，有着四四方方的大窗户。不过我们借住的那户有三层，三楼是个阁楼。一楼是置物的，储藏收获来的土豆，也可以在下雨天时进行麦类的脱谷。

夏尔巴家庭的炉灶。夏尔巴人正在做『土豆面包』——利奇库尔。

二楼有安置佛像的佛堂和并排着床铺的卧室等。其中一间除了放着近年来不怎么用的黄铜大水罐，还有平时几乎不用的锅和餐具等。过去从水场运来水后，大水罐是不可或缺的盛水工具。近年来，随着自来水的普及，它也基本退出了历史舞台。顺便一提，我们停留在这户人家时，借住在二楼的一个房间里。

这家的厨房就在前面提到的三楼阁楼。这里不仅是厨房也是饭厅，就是所谓的开放式厨房。这个房间里只有一扇小窗，白天也昏暗得很。从明亮的屋外进来，有时甚至会暂时性失明。习惯了这里的光线后你就能恢复光明，宽敞的木地板房间中央有个大大的炉灶。

最近，庞卡玛村也通了电，但他们仍然只用柴禾做饭。因为村子位于准贝西谷最深处，电力较弱，无法靠电来做饭。位于高地的昆布地区会用牛粪做燃料，但庞卡玛村民也基本不会用。因为这里有着丰饶的森林资源，柴禾非常充足。屋顶上有烟囱，柴禾也很干燥，所以屋里很少会有烟雾。在海拔近 3 000 米的村里，夜间气温下降后十分寒冷，但炉灶里烧的火会让屋里充满温暖，起到了保暖的作用。

屋子的一角有根引水的橡皮管，构成了简易的自来水引水渠道，周围摆着日常使用的锅碗瓢盆。靠墙处围着几张矮木床，前方是张小小的书桌。吃饭的时候人坐在床上，把小书桌当饭桌。对了，这个屋子住着一对年轻夫妇和他们的母亲。

来自西藏的饮食传统

他们的一天是从厨房响起“煮波—煮波—”声开始的。这是煮酥油茶的声音。煮酥油茶，首先要在炉灶上的大锅里把红茶煮沸。随后，把奶酪、约 5 克岩盐还有热茶和牛奶灌进一种叫通姆的圆筒状木制搅拌器里。最后用棒子上下搅拌，制成酥油茶。而搅拌时发出的声音听上去就像“煮波—煮波—”。

这里的饮食一整年也不会有很大变化，早餐基本是一种叫糌粑的炒麦粉。人们用水车把炒过的大麦磨成粉制成糌粑，没有大麦的时候也会用小麦。吃的时候，人们会往糌粑里加少许糖，再冲入酥油茶一起吃。

这种少不了糌粑和酥油茶的早餐其实是来自西藏的传统。西藏的早餐也多是酥油茶和糌粑。夏尔巴人的祖先几百年前从西藏移居到此，如今的人们仍维持着这种传统的饮食习惯。不过，这似乎只限于早餐，早餐以外的食材就多了不少新东西。其中具有代表性的就是土豆和玉米，还有辣椒等原产于美洲大陆的农作物。让我们具体来看个究竟。

一天的用餐次数是由当天的农活内容决定的。在小麦和土豆等农作物播种或收获的农忙时节，大家上午 10 点前吃完午餐，然后带着装了酥油茶的中式热水瓶举家出动，酥油茶是休息时的饮料。傍晚，他们会吃点蒸土豆或糌粑等轻食，有时干脆饿着肚子。

晚餐是在挤完牛奶后开始准备的。由于挤牛奶是女性的工作，等挤完再做晚餐未免就太晚了，因此，孩子和男性总会来帮忙打下手。他们或是给土豆剥皮，或是给炉灶添柴。说是帮忙，其实大家都干得很开心，有说有笑。大概是全家都围在炉灶旁干活的缘故。

此间，年轻的女主人会准备餐前的青稞酒，手头有空的人会帮着往酒里冲水搅拌。说到青稞酒，以前必须用大麦或穇子作为酿造原料，现在也时常会用玉米。这里也体现出了新大陆农作物对喜马拉雅地区的渗透。孩子们把刚从田里挖出来的新鲜土豆洗干净，用菜刀或镰刀切成小块。空闲的人一边照顾刚会走路的孩子，一边晃着青稞酒走来走去。这时候是夏尔巴人的家庭一天里最热闹的一刻。

在木臼里舂辣椒的夏尔巴女性。

夏尔巴人的菜都会用盐和辣椒来做最后的调味。他们从垂在炉灶上方的篮子里拿出干辣椒，放进名为葛普冲的小木臼里，用石头碾碎。当你听到木臼里那“贡、贡、贡”的声响时就说明，晚餐做好了。

多彩的土豆食品

夏尔巴人夜间餐食的主要材料是土豆。比如，九月的一周里有 6 天的晚餐或夜宵其主要食材是土豆（见表 4-1）。也有晚餐和夜宵都吃土豆的。甚至连午餐都时不时会吃土豆。虽然早餐会吃用大麦制成的糌粑，但是夏尔巴人几乎每天都会吃土豆。

表 4-1　夏尔巴家庭一周的菜单与材料（记录于 9 月的庞卡玛村）

时间		菜单	主要食材
15 日	早	酥油茶、甜茶	酥油、牛奶、茶叶
		糌粑（炒麦粉）	小麦粉[1]、酥油、牛奶、茶叶
	午	饭、汤	米、土豆、四季豆
	晚	蒸土豆	土豆、大葱
	夜	夏库帕（夏尔巴风味炖菜）	土豆、小麦粉、芥菜
		醋腌大蒜、青稞酒	大蒜
16 日	早	酥油茶、甜茶	酥油、牛奶、茶叶
		糌粑	大麦粉、酥油、牛奶、茶叶

续表

时间		菜单	主要食材
16日	午	库尔梅香（无发酵面包）	小麦粉
		土豆炒芥菜沙拉	土豆、芥菜、卷心菜
	晚	糌粑	大麦粉、酥油、牛奶、茶叶
	夜	蒸土豆、青稞酒	土豆
17日	早	酥油茶、甜茶	酥油、牛奶、茶叶
		糌粑	大麦粉、酥油、牛奶、茶叶
	午	饭、土豆炒芥菜	米、土豆、芥菜
		醋腌大蒜	大蒜
	晚	蒸土豆	土豆
	夜	土库帕（夏尔巴风味乌冬面）	小麦粉、羊骨（炖汤用）、葱
		青稞酒	青稞酒
18日	早	酥油茶、甜茶	酥油、牛奶、茶叶
		糌粑	大麦粉、酥油、牛奶、茶叶
	午	饭、土豆炒肉	米、土豆、肉
	夜	土库帕、炒花椰菜 青稞酒	小麦粉、羊骨（炖汤用）、大葱、花椰菜
19日	早	酥油茶、甜茶	酥油、牛奶、茶叶
		糌粑	大麦粉、酥油、牛奶、茶叶
	午	库尔梅香	小麦粉
		土豆炒芥菜	土豆、芥菜
		青稞酒	青稞酒
	晚	蒸土豆	土豆
	夜	夏库帕、腌大蒜、青稞酒	土豆、小麦粉、大蒜

续表

时间		菜单	主要食材
20日	早	酥油茶、甜茶	酥油、牛奶、茶叶
		烤玉米	玉米
	午	蒸土豆、青稞酒	土豆
	夜	利奇库尔（土豆面包）	土豆、酥油、金露梅、大葱
		青稞酒	青稞酒
21日	早	酥油茶、甜茶	酥油、牛奶、茶叶
		糌粑	大麦粉、酥油、牛奶、茶叶
	午	粉粥、汤	小麦粉、土豆、芥菜
	夜	蒸土豆、青稞酒	土豆、葛麻克[2]

1 糌粑通常用大麦粉制成，没有大麦粉时也会用小麦粉。

2 一种芹科野草，这个名称为其尼泊尔语名称“gomak”的音译。——译者注

根据（山本・稻村，2000）做了部分修改。

或许是因为他们经常吃土豆，夏尔巴人餐桌上的土豆菜花样繁多。前面我们提到土豆是原产于安第斯地区的农作物，在喜马拉雅地区的栽培历史要短得多，但这里的土豆菜色非常丰富，超越了安第斯地区。

他们最常吃的是一种叫“夏库帕”的夏尔巴炖菜。先在一口10升的大锅里把水烧开，将一种叫奇尔库的西藏干羊脂切成薄片，加入锅中煮成汤底。然后把切成段的土豆、自制的拇指大的小麦粉团子、芥菜、四季豆、萝卜等当季蔬菜放进去煮。

如果能加入熏肉，那味道当然更棒了，可惜肉很难买到。

夏尔巴人正在准备立尔多克这种特别的土豆菜。他们将煮过的土豆碾碎成类似年糕的状态。

因为夏尔巴人都是严禁杀生的佛教徒。最后加入盐、辣椒和用油炒过的葱调味，就大功告成了。结束一天的劳作，看到夏库帕，这么一大锅转眼就空了。吃了夏库帕，整个人都暖洋洋的，这是抵御寒冷最好的食物。

夏尔巴人还有一种用土豆做的类似面包的食物。夏尔巴语叫“利奇库尔”，意思是“土豆面包”。将生土豆磨碎，加入少许小麦粉充分混合。然后把它摊在平底锅上烤成松饼那样即可。吃的时候放上酥油，蘸着用葛普冲碾出来的葱、辣椒和盐等调料。把平坦的石头放在炉灶上加热，在这种石头上烤出来的利奇库尔味道会更好。人们多数把它当作轻食，不过偶尔也会在晚餐或夜宵中食用。

这里还有用土豆做的特殊菜肴——一种叫立尔多克的汤。人们只在类似婚礼的特殊场合才会做，所以平时基本吃不

正在吃蒸土豆的夏尔巴人。他们会蘸着碾碎的辣椒一起吃。

到。制作这种汤时，首先把水烧开，然后把奇尔库、马萨拉（加入孜然和姜黄的混合调味料）、盐、辣椒放进锅里煮成汤。另一边，把煮过的土豆放在"秋"——一种类似搓衣板的石盘上，用木棒反复捶打成年糕那样带黏性的状态。这是个力气活儿，多数让男性来做。打成年糕状后用手把土豆掰开，一块块放进汤里，继续炖煮即可。土豆变得像棉花糖那样有弹性，和汤一起吃下肚去，会使人从内暖到外，我们吃起来也觉得美味极了。

和立尔多克相反，还有一种最简单的土豆食品，只要蒸一蒸就行。因为做法简单，除了晚餐，还能作为肚子饿时的轻食。人们通常会蘸着用查尔达和番茄同煮的酱汁来吃，查尔达是用碾碎的葱和辣椒等制成的酱。蒸熟的土豆在盘子里堆得像小山，大家一边喝青稞酒一边吃。

庞卡玛村的土豆形状不一，看起来不怎么漂亮，但略带甘甜，口味不错。大概因为他们用的都是自家的堆肥，也就是有机栽培的缘故吧。如果像日本那样使用化肥，虽然能增加产量，但夏尔巴人觉得它们“水汪汪的”或是“味道很寡淡”。总之，看到夏尔巴人的食物就能知道，他们对土豆真的已经到了“物尽其用”的地步。

饮食生活的巨大变化

当然，他们也并非只吃土豆，除了大麦和小麦，酥油和牛奶等乳制品也时常会出现在餐桌上。但是不管怎么说，占据他们饮食中心的还是土豆。上一节供参考的表 4-1 向大家展示了庞卡玛村一户人家一周的菜单，他们每天都会吃土豆，有时甚至三餐不落。

那么，土豆是什么时候被引进庞卡玛村的呢？根据我们听到的信息来看，其实距今也并不久。村民们说，往上追溯到约 50 年前，当时的主食多为玉米。由于气候寒冷，庞卡玛村也无法栽培玉米，所以人们要走下山谷去购买玉米和穇子等粮食。

当时，夏尔巴人通过把山间生产的 40 公斤酥油徒步运到加德满都来换取运输费，这是他们为数不多的现金来源之一。有了钱，他们会去购买玉米或穇子，来填补食材的不足。

他们也会买米，但因为价格昂贵，只在葬礼等特殊场合才会食用。当然，庞卡玛村也不是不栽培农作物。据在准贝西谷生活了 60 年以上的蓬巴 · 拉玛氏说，当时的庞卡玛村曾种植小麦、大麦、荞麦、芜菁、土豆等农作物。而“土豆在约 50 年前进入此地”的说法也是听他说的。

不过，那时的土豆个头又小，产量又低，完全无法当成主食。听庞卡玛村一位 60 多岁的女性说：“过去，收获了小麦或土豆之后，刨去留给第二年种植的那部分，几乎剩不下多少能吃的了。”因此，只靠主要农作物是不够吃的，还得去山里挖野草。人们常吃的有野生芋头的近亲——高原犁头尖和天南星等，尤其是高原犁头尖，据说吃的人很多。

想必一般人对高原犁头尖和天南星都很陌生，在此我们简单介绍一下。高原犁头尖是分布在日本九州南部和冲绳等地的琉球半夏（犁头尖）的近亲，它有拇指大小可供食用的

加工天南星的块茎。手接触到它的汁液会发痒，所以套了塑料袋。

块茎。但是，煮过之后吃进嘴里，口腔中会充斥一种非常难受的涩味，所以需要进行一番复杂的去毒处理。天南星和高原犁头尖一样同为天南星科的野生种，有着很大的地下茎。它也有毒，必须进行复杂的去毒工序。因此，现在都只把它们当作救荒食物。

高产量的土豆栽培种普及之后，人们就不怎么吃高原犁头尖和天南星了。看看庞卡玛村周边的农田就能知道农业普及推动者们的贡献有多大了。而人们开始大量食用土豆据说是从 20 ~ 30 年前开始的。实际上，有些人从那时就开始大量储藏土豆。我们借住的人家也有一间超过 20 叠[①]（合 32.4 平方米）的堆满了土豆的大房间，由于气温很低，直到春季他们每天都能吃到土豆。

市场上卖土豆的夏尔巴女性。

① 叠：日本传统房间面积单位，一块叠席长 1.8 米、宽 0.9 米，因此 1 叠的面积是 1.62 平方米。

这么看来，土豆的引进给庞卡玛村民的饮食生活带来了巨变，这是毋庸置疑的。因此，他们再也不用费心处理苦涩的野生薯芋了。而土豆的影响并未就此止步。随着高产量品种的引进，土豆不仅能满足自家的餐桌，多余的部分还能拿去卖钱，由此增加了村民的现金收入。

其实，在比准贝西村海拔略低的那亚·巴扎市场里经常能看到卖土豆的夏尔巴人。位于准贝西谷中间山地的奥卡登加，甚至位于亚热带低地的卢姆贾塔，也都能看到各村的夏尔巴人三三两两地卖土豆。这说明，庞卡玛村以外的夏尔巴村落也都在大量栽培土豆，其中还有专门以销售为目的的人。

夏尔巴社会的餐桌革命

至此我们所报告的内容全都是基于在庞卡玛村获得的资料。而关于夏尔巴人的饮食内容也基本来源于我们对借住的那一户人家的观察。所以，或许有人会产生疑问：这些资料与一般的夏尔巴社会到底在多大程度上是共通的呢？

就像之前看到的，已有人类学者指出，昆布地区的主食是土豆。我们已经知道，尽管昆布地区的土豆栽培历史很短，但土豆的引进却给人们带来了安定的食料供给。准贝西谷食材状况的好转也和引进土豆有着很大关系。而且这都是

20 ~ 30 年前的事了。那么，为什么会引起这么大的变化呢？三十多年前的准贝西谷发生了什么？说起“距今”三十年前，那就是 20 世纪 60 年代后期。这么一来，我们立刻能联想到下面这个状况——

那时，正是喜马拉雅地区掀起登山和徒步穿越热潮的时候。1969 年尼泊尔政府一改过往的登山禁令，开放了登山政策。结果，登山队如决堤一般涌向喜马拉雅地区。其中人群最集中的就是索卢·昆布地区。

比如，日本山岳会曾在 1970 年派出了大规模的登山队，其中包括做向导的夏尔巴人和背夫，这个大部队达到了 1 000 人。之后去往珠穆朗玛峰的登山队络绎不绝。而不以登山为目的的徒步观光客也数量众多。就这样，从加德满都到珠穆朗玛峰宿营基地的道路被称为“珠穆朗玛街道”，这里因众多的徒步者而热闹不已，准贝西村也成了中转站。

徒步者们的营地。左手后方能看见珠穆朗玛峰的顶峰。

这种大规模登山队和大量徒步者的出现肯定给夏尔巴人的生活带来了巨大的影响。因为对于居住在索卢·昆布这类山岳地带的夏尔巴人来说，做山岳向导或背夫基本上是他们赚取现金的重要手段。得到现金后，听说他们首先会去买牛。生活相对富裕之后，他们会把原本用于出售的小牛留在自家进行饲养，以逐渐增加家畜的数量。据说，从 20 ~ 30 年前开始，准贝西谷家畜的数量就已在增加了。

家畜的增加为农业提供了不可或缺的肥料。如前所述，将家畜的粪便与枯叶等混合后即可制成堆肥。自制的堆肥供应充足了，农作物的单位面积产量也就随之提高。在这种状态下接着引进了高产量的土豆品种。想必，庞卡玛村就是这样确保了稳定的食料供给。

飞跃发展的土豆栽培业

至此，我们聚焦尼泊尔的喜马拉雅山脉附近的索卢·昆布地区，了解了土豆和人类的关系。最后，让我们来放眼整个尼泊尔。因为近年来，尼泊尔全域的土豆栽培面积都有了飞跃性的扩大。这是 20 世纪 70 年代开始的国家土豆开发项目所带来的巨大影响。土豆栽培种的品质获得改良后，栽培面积扩大，土豆的利用率也得到了急速增长。具体来说，土豆产量从 1975 年的 30 万吨增加到了 2006 年的 197 万吨。

现在，土豆在尼泊尔成了仅次于稻类的重要农作物，消费量也在1990年成倍增长，一年里的人均土豆消费量达到了51千克。

之前我们提到，索卢·昆布地区的土豆栽培在海拔3000～4000米的高地上，而在尼泊尔南部海拔200米左右的低地，也栽培了土豆。只是，土豆毕竟适宜冷凉的高地，它是海拔2000～3000米的丘陵地带的主要农作物，而低地消费的土豆多数来自丘陵地带的供给。

在此，我们顺便提一句与尼泊尔南部接壤的印度。现在，印度是仅次于中国和俄罗斯的世界排名第三的土豆生产大国，2006年的产量达到了2400万吨。但印度的大规模土豆栽培历史并不长，据说是1960年左右才开始的。事实上，从1960年到2000年，印度的土豆生产量增长了850%，主要是为了满足城市的需要。不过，印度的土豆栽培主要集中在10月到3月的冬季，因为土豆喜好冷凉的气候。

于是，印度也好，尼泊尔也好，近年的土豆栽培面积都在急速扩大。如前所述，不仅印度和尼泊尔，这是所有发展中国家共通的现象。如今土豆正摆脱种种偏见，迎来巨大的飞跃发展期。

第5章

日本人与土豆——北国的保存技术

依靠人力进行的土豆淀粉加工。北海道山越郡八云村。选自 1917 年《关于马铃薯淀粉的调查》。

◇◇◇◇◇◇◇◇◇◇◇◇◇◇◇◇◇◇◇◇◇◇◇◇◇◇◇◇◇◇

江户时代传入日本

从土豆的故乡安第斯地区看来，日本正好位于其对穿地心的另一侧，但土豆其实很早就传入了日本。一般的说法是“庆长三年（1598 年）荷兰商船将其从爪哇岛带入长崎”，但另有一说是天正四年（1576 年）。若真是如此，那么土豆传入西班牙后，经过 20 ~ 30 年的时间便跨过半个地球来到了日本。不过，从欧洲人花了很长时间才认可土豆这种农作物的状况来看，土豆从 16 世纪就进入日本这种说法是很难成立的。

后面也会提到，江户时代后期才有文献对土豆进行了记述，可见土豆毫无疑问是江户时代传入日本的。这么看来，把时间定位在完成锁国制度、强行将荷兰人迁入长崎的出岛特区的宽永十八年（1641 年）以后才是比较妥当的。1602 年，荷兰在雅加达拉（现在的雅加达）设立了东印度公司，作为东洋贸易的据点。可以想见，土豆或许是从荷兰经由雅加达拉进入长崎的。

让我们把时间往后推一点，兰学家大槻玄泽所著的《兰

图 5-1 《兰畹摘芳》中描绘的香芋（雅加达拉芋）。（东京国立博物馆馆藏图片）

畹摘芳》（1831 年）中，其实就有关于土豆的图示和说明（见图 5-1）：

据考证，经和兰（荷兰）船进入我长崎的薯芋产自咬嚁吧，故当时土人通称其为咬嚁吧芋。

这是关于荷兰商船将雅加达拉产的土豆传入长崎的最早记录，由此也显示出，日语中土豆的叫法来自雅加达拉芋[①]。只是，根据《长崎土豆发达史》的作者月川雅夫的调查，江户时代还没有用上土豆这个称呼，多数人管它叫雅加达拉芋

① 日语中土豆写作“ジャガイモ”，发音为“jaga imo”，其中“imo”指的是薯芋。而雅加达拉芋写作“ジャガタライモ”，发音为“jagatara imo”，可见两者的关联。——译者注

（见表 5-1）。此外，从表 5-1 可以看出，除了叫雅加达拉芋，不少人也叫它马铃薯，而关于马铃薯这个称呼有着漫长的争执，直到现在也没有定论。

表 5-1　江户时代的文献中关于土豆的称呼（月川，1990）

年份	文献	称呼
宽政十年（1798 年）	《最上德内文书》	五升薯
文化元年（1804 年）	曾占春《成形图说》	种八升芋、香薠
文化五年（1808 年）	《长崎奉行关系文书》	芋
文化五年（1808 年）	小野兰山《耋筵小牍》	马铃薯、雅加达拉芋、甲州芋、清太夫芋、伊豆芋、朝鲜芋、红芋
文政元年（1818 年）	岩崎常正《草木育种》	马铃薯、松露芋、虾夷芋、荷兰芋
天保二年（1831 年）	大槻玄泽《兰畹摘芳》	瓜加太剌芋、雅加达拉芋、八升芋、香芋、清太夫芋、金柑芋、阿尔达普尔、达普拉
天保三年（1832 年）	佐藤信渊《草木六部耕种法》	马铃薯、雅加达拉芋
天保七年（1836 年）	高野长英《救荒二物考》	马铃薯、雅加达拉芋、甲州芋、阿普拉、秩父芋、清太夫芋、八升芋、胜子芋、寿命芋、定藏芋①
嘉永三年（1850 年）	宫本定正《甲斐风俗》	清太夫芋
嘉永七年（1854 年）	《长崎奉行所文书》	咬嚠吧芋

① 胜子芋、寿命芋、定藏芋的原文为：かつねんいも、じゅみょういも、ていぞういも。译者未能查到对应的汉字写法，此处采用了音译。——译者注

续表

年份	文献	称呼
安政三年（1856年）	饭沼慾齐《草木图说》	马铃薯、雅加达拉芋
文久元年（1861年）	冈田明义《无水冈田开辟法》	马铃薯、冈田米
庆应元年（1865年）	大坪二市《农具揃》	马铃薯、遮伽陀罗薯、善太夫薯、善太芋、信州薯

江户时代日本首屈一指的本草学家小野兰山（1729—1820）最早将雅加达拉芋和马铃薯等同起来。文政八年（1825年），前述的大槻玄泽和栗本丹州等人提出：雅加达拉芋并非马铃薯。他们认为："马铃薯是黄独（薯蓣科的苦何首乌），不是雅加达拉芋。"

之后，这个问题一直没有解决，大家争执不下。因此，直到现在仍是"土豆"和"马铃薯"并行的状态。实际上，我自己也很犹豫本书中到底要用"土豆"还是"马铃薯"，比较之后我觉得前者的使用范围更广，所以除了引用部分和部分术语以外就全都叫土豆了。

言归正传，土豆在江户时代慢慢扩散到了日本各地。比如，安永四年（1775年）作为荷兰商船船医来到日本的通贝里，除了停留在长崎的出岛特区，他还参与了江户参府的植物采集并调查了日本国民的风俗习惯，回国后他出版了旅行游记。其中，在提到长崎附近的土豆时，他是这么写的："这里曾尝试栽培马铃薯，但没有成功。"

去往日本各地

那之后，从长崎入国的土豆便流向了日本各地。就留下的记录来看，长崎之后最先开始栽培土豆的是当时的虾夷，也就是现在的北海道。根据最早的记录显示，宝永三年（1706 年）5 月，“高田松兵卫使用唐锹于濑棚村（现在的濑棚郡濑棚町）海岸晒场种下萝卜、马铃薯”。不过，如前所述，这里的马铃薯是否就是土豆还得打个问号。更确切的记录来自探险家最上德内[①]。天明六年（1786 年）他曾带着土豆去了虾夷地，种在了虻田（现在的虻田郡虻田町）。宽政十年（1798 年）德内通过幕府派去虾夷地的视察者之一——近藤重藏，代他询问那里的人当年自己带去的土豆近况如何，由此得知以虻田的虾夷人为首，通词[②]和看守们也都在栽培土豆。

在北海道，曾有一说是俄罗斯人在宽政年间（1789—1800）把土豆传进了日本，因此土豆也被称为虾夷芋。由此可以推断，本州的土豆是从北海道和长崎传过来的。

那么，日本人对土豆有没有欧洲人所带有的那种偏见呢？尽管传说土豆有毒，但在引进土豆之前日本已经有了山

① 最上德内（1755—1836）：日本江户时代的探险家、航海家及科学家。

② 通词：江户幕府的世袭翻译官，担任与葡萄牙、荷兰、中国贸易往来的翻译、外交、商务等工作。

北海道最早栽培土豆的地区（地名为现在的叫法）。

药或芋艿等薯芋类植物，所以日本人很容易就接受了和它们类似的土豆。另外，日本也没有“圣书上都没记载的植物”这种宗教偏见。而且，江户时代的日本甚至还有着接纳土豆的社会背景。因为当时的日本也和欧洲一样，接二连三地发生了饥荒。

说起江户时代的饥荒，1640 年到 1644 年的宽永饥荒、1732 年的享保饥荒、1782 年到 1787 年的天明饥荒及 1832 年到 1836 年的天保饥荒是人们熟知的四大饥荒。但除此以外还有其他的，尤其是 1755 年，日本东北地区不仅爆发了宝历饥荒，农作物还频繁地遭遇冷害。在这种状况下，兰学家高野长英（1804—1850）撰写了著名的《救荒二物考》，促进了土豆的栽培（见图 5-2）。二物考的“二物”指的是：能在恶劣天气下茁壮成长的荞麦和能挺过暴风雨的易于栽培的土豆。对此，长英做出了如下记述（篇幅稍有点长，但它是我们了解当时状况的重要资料，在此翻译成现代语加以引用）：

图 5-2 高野长英和《救荒二物考》。

今年八月中旬，我去见了住在上野国泽渡（现在的群马县吾妻郡中之条町泽渡温泉）的福田宋祯。宋祯家代代都是外科医生，医术精湛，他还阅读了荷兰的医学书，仔细研究他们的医术。我和他也是多年的老交情了。傍晚聊到兴头上，福田宋祯拿出一把荞麦种子给我看，并说：“人们会在凶荒之年丢命的主要原因是食材不足，而食材不足的原因在于没有能一年几熟的农作物。这种荞麦可以一年三熟。它可是能救人一命的至宝啊。”我很震惊，心怀感激地说：“在最北端的国度，听说人们会种植那些早熟的谷类农作物。把它们移植到温暖的地方应该就能一年两熟甚至三熟。我想得到它们的理由就是要把它们移植到日本，以此增加食材，防止饥荒。我曾不远万里去求取，现在它就近在眼前。这虽是你赠予我的礼物，但其实就是天赐的宝贝。我十分乐意收下它。”

之后，同样住在上野国伊势町的柳田鼎藏送给我一种芋。它的形状看起来像野老（薯蓣科的多年生蔓草），又像土圞儿（豆科的多年草本植物）。它一般被称作土豆，也就是荷兰语中“地里的苹果”的意思。烤一烤，吃起来感觉像野山药那样清淡，有点红薯的甜味，还有种鲜味和黏稠感。它没有毒，十分适合当作日常食物。荷兰人也经常吃土豆。而且它不像红薯那么怕冷。无论是在寒地还是在热土，也无论是在荒野还是在贫地，一株土豆都能收获几十个块茎。

获得了这两种农作物，我的喜悦溢于言表。救助凶荒之年的百姓，在防止随之而来的疫病时，真是没有比它们更好的东西了。于是我想把它们散播到各地，便悄悄地和社友商量了一下，大家也都十分高兴地表示赞同：“遇上饥荒，即便大开粮仓，也只救得了一村一町，而这项计划不仅造福全国，还造福后代，真是功德无量，容不得延期，更不能中止。”

之后，长英介绍了荞麦和土豆的栽培方法、烹调方法和贮藏方法。尤其是土豆的制粉方法，甚至还介绍了烧酒的酿造方法。然而，长英因在《救荒二物考》出版两年后撰写《梦物语》反对幕府的击攘政策，结果他和《救荒二物考》的插图作者渡边华山一起被捕，以批判幕政之罪被判永牢（无期徒刑）。后来他虽然越狱，但最终遭捕吏围剿而自尽。

大概也是由于长英等人努力的功劳吧，江户时代中叶到后期，日本各地开始了土豆的栽培。但是，土豆只在东日本获得了普及，这和西日本主要栽培原产于美洲大陆的红薯形成了对比。因为红薯喜欢温暖的环境，比较耐旱耐风，而土豆则适合冷凉的气候。

事实上，北海道以外的飞驒（大部分为岐阜县，下同）、甲斐（山梨县）、上野（群马县）、羽后（秋田县）、陆前（宫城县）等，从日本关东到日本东北地区的土豆栽培都开始得相对较早。

比如，18 世纪后半叶，甲斐的代官中井清太夫曾致力于普及土豆。中井清太夫是德川幕府的旗本[①]谱代家臣[②]。安永三年（1774 年），他担任甲府上饭田的代官。那之后的 13 年间历任甲府・谷村的代官。任期中，他积极推行对农民有利的政策，甚至被村民敬为神明。清太夫的功绩之一就是普及了土豆。由于天明饥荒，他向幕府请愿从九州运来土豆的种芋，作为救荒食料栽培在九一色乡（上九一色村、三珠町下九一色）。他也在郡内进行了栽培，土豆成了代用食材，农民们都十分高兴。为了歌颂他的功绩，甲斐地区就把土豆叫成了清太夫芋、清太芋或清大芋。

顺便一提，《德川实记》的天明四年（1784 年）4 月这部分对天明饥荒进行了如下记录，描述了村民们惨遭饥荒的样子：

---

① 旗本：中世纪到近代的日本武士身份。一般指在江户时代石高未满一万石，但有资格在将军出场的仪式上出现且家格在御目见以上的德川将军家的直属家臣团统称。——译者注

② 谱代家臣：数代侍奉同一个领主家族的家臣。——译者注

去年秋季［天明三年（1783年）］至今年春季，各国凶荒，米谷匮乏，其价日日腾贵，下民忍饥挨饿，无以果腹，只得丢妻弃子，背井离乡，以身投河者亦不计其数。若府内储备充足，则无此等忧患，然各国运送迟滞，供不应求，市街贫民皆以所见之物充饥。

天明饥荒后，又过了几十年进入天保年间，据说甲府地区大量种植了土豆，还留下了这样的记录：

此地气候寒冷，虽有九夏[①]三伏之说，依然不堪忍耐，需穿几层单衣。朝夕皆需以地炉之火御寒。即便暑中三伏亦不可忘记（中略）此地有自然生长之佛掌薯，以及大量清太夫芋。花似水仙，叶如野菊。此芋浑圆，肥满。形状各异。滋味寡淡[②]，烤后味佳。

以上是天保元年（1830年）《津久井日记》中记载的内容，是来自武州的宽云老人去甲州盆地旅行时撰写的游记。

---

① 九夏：指夏季的90天。——译者注
② 这句日文古文含义模糊不明，译者联系上下文进行了意译。——译者注

北海道的淀粉热

如上所述，江户时代后期，土豆栽培以北海道和东北地区为中心向各地扩散。然而，关于它的记录却是断片式的，并未详细表明栽培的地点和规模。而进入明治时代以后，记录就相当详尽了。

请看图 5-3。这张图显示了明治中期土豆栽培面积排前 13 位的都道府县①。根据这张图我们可以看到，以北海道为首的东北、信州②等地，土豆的栽培面积较大。其中北海道的土豆栽培面积比起其他地区有着压倒性的规模。此外，引人注目的是，青森的栽培面积在五年间激增了一倍有余。因

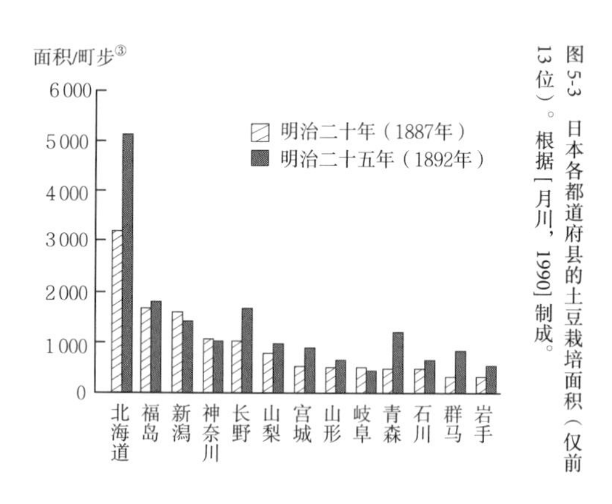

图 5-3 日本各都道府县的土豆栽培面积（仅前 13 位）。根据 [月川，1990] 制成。

---

① 都道府县：日本行政区的合称，分为 1 都（东京都）、1 道（北海道）、2 府（大阪府、京都府）和 43 县。——译者注

② 信州：日本令制国之一——信浓国的别称，现在的长野县。——译者注

③ 1 町步 =14.8 亩 =0.99 公顷。——译者注

此，就让我们聚焦北海道和青森，来看看土豆和当地人民的关系吧。

首先，北海道的土豆栽培在明治维新后得以开拓，早在明治四年（1871 年）负责开拓土豆栽培的官员黑田清隆就远渡美国，招聘了开拓指导者开普伦，同时带来了新的土豆品种，并在北海道进行栽培。顺便一提，黑田清隆曾聘请克拉塔博士设立了著名的札幌农学校，还为北海道的警备和开拓制定了屯田制度等，是第一个积极推行土豆栽培政策的人。在他的努力之下，明治元年（1868 年），北海道的土豆出口量为 85 294 斤（当时的 1 斤等于现在的 600 克），明治二年（1869 年）为 120 560 斤，而明治六年（1873 年）其作为北海道开拓的主要成果，这个数字激增到了 974 910 斤。

之后，北海道的土豆生产规模持续扩大，明治二十年（1887 年）土豆栽培面积为 3 000 多町步，五年后的明治二十五年（1892 年）超过了 5 000 町步。明治四十年（1907 年），在函馆郊外拥有农场的川田龙吉男爵从美国运来了种芋，其中有个叫“爱尔兰鞋匠”的品种早熟多收，而且很适应北海道的水土。所以，这个品种传遍了整个北海道，之后又传遍了日本。它正是目前日本栽培最广的“男爵薯”。

据说当时土豆的主要烹调方法是用盐煮，也可以把土豆煮过之后做成团子食用，还能整个丢进围炉的热灰中烘烤。像这样只是自家消费问题还不大，但生产量增加并将其商品化的时候，土豆的特征就成为大问题凸显出来。

这是因为，土豆含有较多水分，所以重量大，不便运输。水分多会导致易腐烂、易出芽等问题。于是北海道便开始了土豆淀粉的生产。它利用的简单原理是：淀粉密度为 1.5 g/ml，会沉淀在水底。因此，日本在较早阶段就开始了淀粉的制造，明治十一年（1878 年）开拓者便尝试了淀粉生产。不过，当初淀粉生产只是为了满足自家需要，属于自给自足，但是随着国内需求的增大，人们开始了以盈利为目的的企业化经营。

淀粉生产步入正轨的契机是 1895 年后纤维产业的发展，纺织工业中用到的糊精增加了对淀粉的需求。于是，明治三十年（1897 年）之后，北海道各地成立了许多淀粉工厂。大正三年（1914 年）第一次世界大战的爆发加快了这一进程。当时，原本从荷兰、德国进口淀粉的英国和法国由于渠道被封锁，转而从北海道进口淀粉。结果，大正元年（1912 年）时一箱 5 日元的淀粉在大正四年（1915 年）涨到了 15 日元，大正七年（1918 年）甚至达到了最高值 17 日元 90 钱，“淀粉热”“淀粉市场景气”就此到来。淀粉工厂也随之激增，大正元年（1912 年）还不足 10 000 座，到了大正四年（1915 年）就达到了 14 000 座（见图 5-4），最盛期为大正七年（1918 年），有将近 20 000 座。同时土豆的种植面积也大幅增长。

此外，我要对工厂数做一下注释。比如，大正五年（1916 年）根据动力类型统计的淀粉工厂数是这样的：

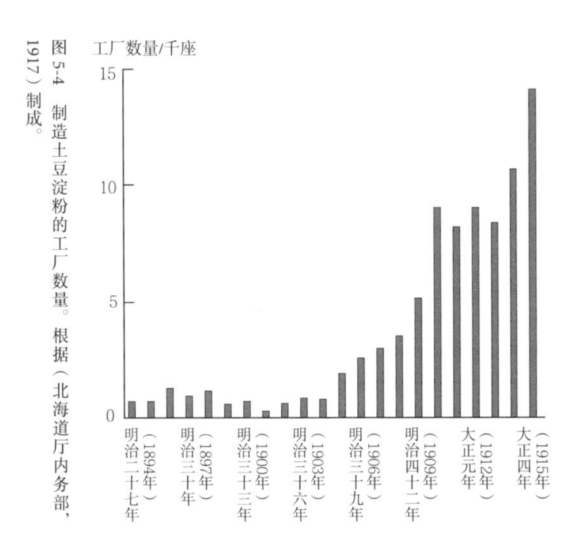

图 5-4　制造土豆淀粉的工厂数量。根据（北海道厅内务部，1917）制成。

“人力”12 981 座，“水车”1 271 座，“马力”490 座，“发动机”83 座，“蒸汽”31 座，“电力”7 座。其中人力最多，将近 13 000 座，但这些主要是自给自足，其中以销售为目的的不足百座。可见，自家制造占据了压倒性地位。另外，实质能称得上是工厂的为 1 882 座（占 12.7%）。

不过，即使动力类型不同，淀粉的制作方法基本都是一致的。图 5-5 显示了土豆淀粉的制作工序。不论用人力还是发动机，这套流程都是不变的。根据土豆淀粉制作技术的研究者中原为雄的报告，我来简单介绍一下各项工序的内容。“磨碎”是指用磨碎盘将土豆打碎磨细。“过滤”是指分离淀粉粒与残渣。“沉淀”是指分离淀粉与不纯物。“精制”也可以叫浸泡，是将淀粉溶解后使其沉淀，分成优质的一等粉和纯度较低的二等粉。“生粉碎”是指精制后，把脱了水

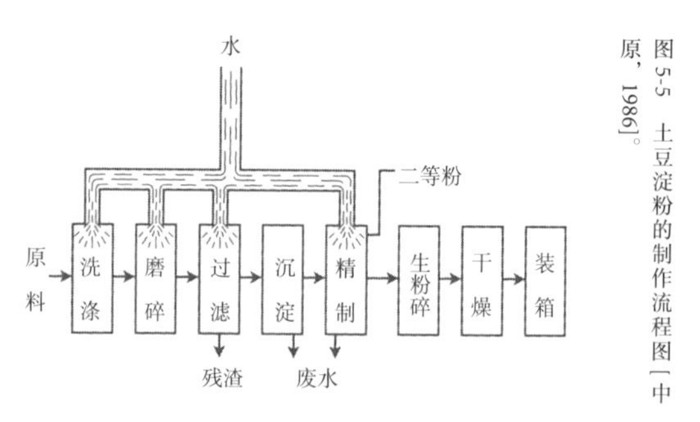

图 5-5　土豆淀粉的制作流程图 [中原，1986]。

变为块状的生粉（约含水 50%）放入干燥室，利用干燥技术使其碎变为红豆大小的颗粒。而经过“干燥”工序，就能得到含水量 18% ~ 20% 的淀粉粉末（还不是精粉的淀粉）。最后送去精粉工厂加工成精粉。

一时间“淀粉热”席卷了北海道，但这股热潮随着第一次世界大战的终结而消退，这导致淀粉价格暴跌了一半有余，许多工厂相继倒闭。由此，淀粉工厂几乎销声匿迹。

之后，北海道迎来了第二次“淀粉热”。那是从第二次世界大战末期到昭和二十四年（1949 年）、二十五年

土豆的洗涤工序。（摄于北海道更科郡更科町神野淀粉工厂）

老工厂的土豆淀粉干燥工序。（摄于北海道斜里郡斜里町平冈淀粉工厂）

（1950年）左右。那时由于粮食不足，很多人把淀粉作为主食，同时，市面上欠缺甜味食物，所以对淀粉这种制糖原料的需求也急速增长。当时，一袋1300日元上下的淀粉在黑市卖到了3000日元。这么一来，随着土豆生产者再次对淀粉工厂设备进行改良和扩充，淀粉生产也出现了很强的增产趋势。关于淀粉工厂的扩充，曾在知床斜里经营淀粉工厂并于2007年去世的83岁的平冈荣松先生向我们描述了当时的情景：由于淀粉加工需要大量的水，所以流经知床斜里的斜里川沿岸淀粉工厂林立，场面十分壮观。然而，在大规模集约化的淀粉工厂出现之后，那些零星的小工厂几乎都被它们吞并，就此消亡了。

向青森县普及

位于北海道以南的青森，其土豆栽培的普及略晚一些。有一段记录详细地述说了当时的情况。明治十八年（1885年）6月，下北郡长在西通巡视之际，视察了当时已开始奖励种植的土豆栽培状况，并在《下北半岛史》中对各村的情况做了如下记录：

胁野泽村　　稍有栽培
小泽村　　与胁野泽村相同

蛎崎村	稍有栽培，仅作为小儿辅食
宿野部村	完全未栽培
桧川村	稍有栽培
川内村	栽培马铃薯会遭盗窃，所以未栽培
城泽村	极少栽培
大泷村	与城泽村相同
大平村	栽培量仅够做小儿辅食

由此可见，当时下北半岛几乎没有栽培土豆。不过，根据《下北半岛史》记载，明治二十三年（1890年），土豆栽培获得了大量普及，到了“农村、渔村都把马铃薯当作午餐”的地步。

而在小林寿郎于明治二十五年（1892年）出版的《劝农丛书：马铃薯》中，也有一段饶有趣味的记述。小林是旧斗南藩士，曾为了购买种马远渡美国，其见闻录也收入了前述那本书的“绪言”。他写道：“考察该国农业状况时我发现了重要的看点。”同时提到“其生活之精致令人叹为观止”，他十分惊讶于美国的发展状况。他还说“其日常食物

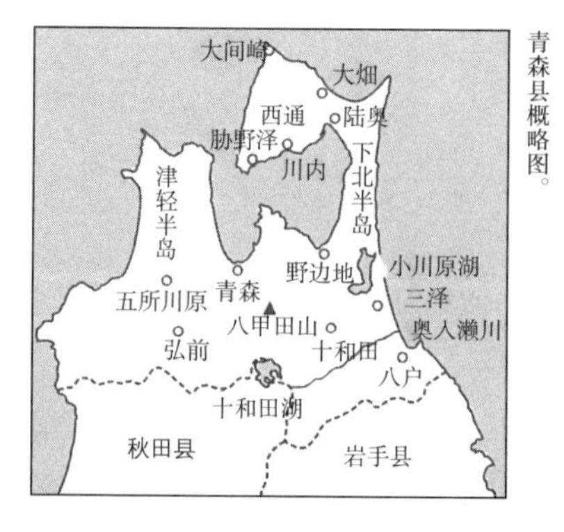

青森县概略图。

以麦类与马铃薯为主”，甚至鼓励大家普及土豆种植。

在书中，他对青森进行了如下记述：

> 明治十年（1877 年）左右，马铃薯首次进入吾郡，虽尝试栽培，但数量甚少。明治十七年（1884 年），诸谷不登，以至民食匮乏。（中略）当年秋季巡视地方时，见吾郡民刨挖草根为食，状况凄惨。明治十八年（1885 年）春，当时郡长小林岁重氏经郡会决议，自北海道引进百十石早熟种，分发至郡内各地，劝农民实施栽培。

这篇“绪言”之后，他详细地介绍了土豆的品种、适宜土豆栽培的土壤和气候，甚至肥料、病虫害、烹调方法等，尤其用很大篇幅介绍了二十多种烹调方法。除此之外，他叙述了酒、酱油、味噌、淀粉等的制作方法。其中，他还用图示详细地介绍了“淀粉制作器械”以及制作方法。土豆含水较多，容易腐烂，这些都是为了克服这种特性而下的苦功吧。

土豆刨花和冻土豆

据说，前面提到的“淀粉制作器械”在下北半岛一直盛行到昭和初期。根据从当地获得的信息，这种“器械”叫作

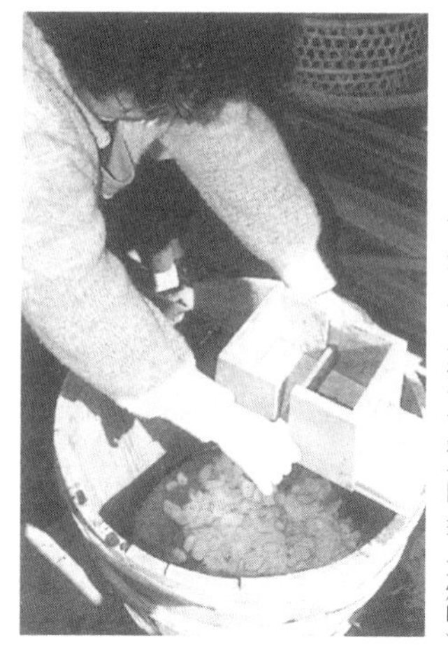

用土豆刨子把土豆刨成薄片。（摄于青森县陆奥市大畑町）

土豆刨子，用它做出来的淀粉就叫土豆刨花淀粉，是荒年时重要的储备粮。为此，冬天除了留作食用的土豆，人们会把其余的全都做成土豆刨花。现在这种技术几乎已经失传，所以最近有些人打算重振土豆刨花技术，而我也因此得知了制作的工具和方法。在此将我观察到的内容介绍给大家，供参考。

土豆刨子，顾名思义，就是将 3 块木工刨子的刀片嵌在板子里，通过滑动上方的盒子，将里面的土豆刨成薄片的工具。在前述《劝农丛书：马铃薯》的图示中可以看到，器械带有磨碎土豆的滚筒，而这个则经过了改良，加上了木工刨子的刀片。刨片之前要把土豆放在水中彻底洗净并沥干。刨成薄片后，一方面，把这些土豆放进木桶里，加水仔细搓洗，直到把淀粉都洗掉。之后，每天给这些淀粉加两次水，浸泡两到三天，等到水的颜色不再泛红，再让它沉淀五六个小时。

贮藏中的冻土豆。（摄于青森县八户市）

随后把水倒掉，将淀粉移出来干燥即可。另一方面，把洗掉淀粉的土豆薄片也放进木桶，同样浸泡到水不再泛红为止。之后用脱水机等工具去掉土豆薄片中的水分，放在太阳下或是干燥机里进行充分的干燥。最后得到的东西就称为土豆刨花，只要状态良好，甚至可以贮藏几十年。土豆本身可以煮来吃，而像这样提取出淀粉后就能做成糕团来吃，而且它们可以一直保存下去，想什么时候吃就什么时候吃。

在青森，还有一种很有意思的土豆储备粮，叫作冻土豆。它很形象地描绘出了青森的风貌，在此介绍给大家。加工方法是：在寒冷的大寒节气前后，把土豆放到野外。上下左右不停地翻转，让土豆完全冻结。然后倒上热水把皮剥掉，放到流动的河水里浸泡两到三天。接下来，用针在土豆上扎个洞，把它们一个个串到绳子上。此时绳子上要打好结，为的是确保土豆能相互不挨着，充分得到干燥。然后让土豆保持着串在绳子上的状态，把它们继续浸在流水里一周左右，泡到不再渗出碱液时，避开风雨，把冻结的土豆在室外放上三个月。最后，在屋檐下等通风良好的地方挂一个月，令其自然干燥。这样做出来的贮藏食品就叫冻土豆。60多年前，在它最盛行的时候，据说奥入濑川等河流沿岸都是等待浸土豆的人。

总之，从明治后期到大正初期，根据《青森县地志》记载："提到主要农作物，最有名的得数马铃薯。"可见土豆在青森也获得了广泛普及。

文明开化与土豆

从相当早的时期开始，土豆就进入了北海道和青森等地人民的日常饮食，但毕竟只限于日本国内的部分地区。明治二十五年（1892年），前述高野长英的《救荒二物考》获得再版，它为土豆的普及重新添上了一把柴。土豆走进日本各地普通家庭的餐桌是在明治后期。比如，明治三十八年（1905年）发行的《家庭和洋料理法》中有如下一段关于土豆的叙述（见图5-6）：

马铃薯料理

它叫八升芋，也叫甲州芋。价格低廉，四季皆有。然而，

图 5-6　出版于明治三十八年的《家庭和洋料理法》，记载了与土豆相关的内容。

却鲜有人知它具有滋养身体、易于烹调并风味独特等特点。因为鲜有人知其烹调方法。

这部明治时期的菜谱中写道，很少有人知道土豆的风味和烹调方法。其原因或许在于，土豆味道寡淡，直接吃并不美味，跟传统的日本料理也不怎么搭调。那么，相传从明治初期开始进入日本的咖喱饭中，难道就没用上土豆吗？让我们对照明治五年（1872 年）出版的《西洋料理指南》来瞧一瞧（因为它被认为是日本最早提供咖喱做法的书籍）：

“咖喱”的制法：葱一根，生姜半个，蒜少许，均切成细末，用牛油（黄油）1 大匙进行煸炒，加 1 合[①]5 勺水，

---

① 合为中国、日本古代的计量单位，约 0.15 千克。1 合为 10 勺，每勺重约 15g。——译者注

放入鸡、虾、鲷鱼、牡蛎、红蛙等材料炖煮，然后加入1小匙咖喱粉继续煮1小时，在食材煮熟之后，加盐调味，再将两大匙小麦粉溶于水，倒入即可。

也就是说，当时的咖喱不放肉，而是放鱼、虾甚至蛙，也没有土豆，所谓的蔬菜只是葱姜这些香辛材料。在明治十九年（1886年）以及明治二十六年（1893年）的《妇女杂志》上介绍的咖喱饭做法也与此相同，直到明治三十一年（1898年）出版的《日用百科全集》，终于轮到土豆登场了：

将肉切碎放入锅中，加水盖过肉，煮20分钟。放入葱，煮10分钟左右。再加入土豆，煮到它变软之后加入咖喱粉、盐、胡椒、辣椒搅拌，再将少量小麦粉溶于水后混入其中……

那之后的明治三十六年（1903年），咖喱粉上市了，咖喱饭迅速走入寻常百姓家。这之中有个不可忽视的原因在于：随着文明开化，肉食得到了普及，而以与肉同煮为开端，出现了许多利用土豆那寡淡的滋味进行烹调的方法。从这个视角出发，人们就会联想到“土豆炖肉”这道菜。它也是明治时代开始流行起来的。

进入大正时代，又出现了一种使用土豆的代表性食品——可乐饼。事实上，大正时代还有一首著名的《可乐饼之歌》，歌词就是“今天也吃可乐饼，明天也吃可乐饼”。

可乐饼是将少量牛肉泥和煮熟压碎的土豆泥拌在一起，外面包上面衣油炸而成的，因为土豆比肉泥要多，所以它也叫土豆可乐饼。在大正九年（1920年）出版的《马铃薯料理》一书中，一共介绍了西式和日式等144种土豆菜。这也反映出，随着土豆普及的推进，土豆的菜色也不断丰富起来。

到明治三十六年（1903年）为止，日本的土豆年生产量为27万吨左右，而明治三十八年（1905年）为44万吨，明治四十年（1907年）为55万吨，不到五年就翻了约一倍。大正元年（1912年），这个数字为70万吨，大正四年（1915年）为96万吨，大正五年（1916年）为100万吨，到了大正八年（1919年）甚至达到了180万吨。

战争与土豆

日本的土豆生产量从昭和初期到昭和十年（1935年）为止都没有太大变动，但昭和十五年（1940年）左右开始剧增，昭和四十年（1965年）达到了巅峰，生产量为450万吨。从种植面积来看，昭和十八年（1943年）首次超过20万公顷，巅峰为昭和二十四年（1949年），约23.5万公

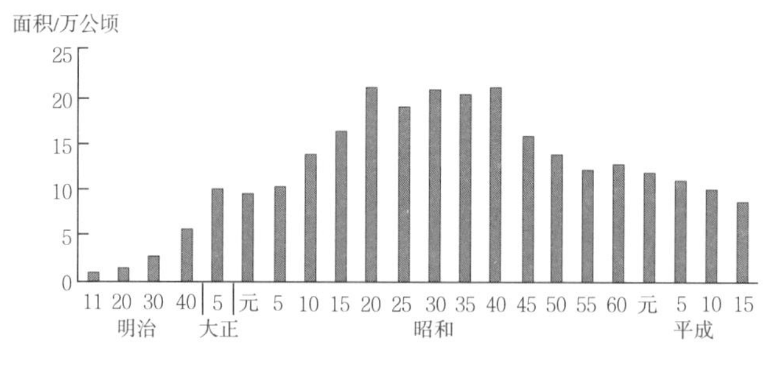

图 5-7 日本土豆生产量的变化图（种植面积）。根据日本农林水产省的统计数据制成。

顷（见图 5-7），而之后则开始逐渐递减。那么，种植面积的增减表明了什么呢？不是别的，这正是战争带来的后果。

日本在 1937 年[①]发动侵华战争，结果战局陷入泥潭，最终又爆发了太平洋战争。其间，1939 年日本开始了粮食增产计划。国家给米、麦类、红薯、土豆等农作物设置了生产目标，行政当局展开了增产运动。然而 1943 年的实际达成率离目标却还有差距，分别为米 88%、小麦 74%、红薯 69%、土豆 70%。这不仅是劳动力不足的问题，还是肥料、农耕工具等一切生产资材的不足导致的。

由于战局恶化和运输中断，1943 年的粮食危机已成定局。除去 1941 年歉收外，日本国内的粮食产量截至 1943 年还维持在 6 000 多万石[②]，1944 年跌到了 5 000 万石，1945 年战败时更是暴跌到 3 900 万石。这种状况下，政府最先要求国民的就是“节米”。节米指的是：尽可能少吃

① 日本的侵华战争实际是从 1931 年“九一八”事变开始的。——译者注

② 1 石 =10 斗 =100 升。1 石折合大米约 30 千克。——译者注

米或不吃米。结果，作为1940年国民精神总动员运动的一环，“节米运动”开始了，当局还鼓励人民每周过一次“节米日”。

为节米做出巨大贡献的就是红薯和土豆这些薯芋类农作物。它们都成了代替米的食物，和饭混在一起就能减少米的用量。而且红薯和土豆方便栽培，单位面积产量也很大，其重量往往能达到谷类的2～6倍。因此，根据1945年1月《每日新闻》的报道，福田农商相[①]在日本众议院农林中金法委员会上说明了粮食状况，表示“米麦当然需要增产，但今年的方针是将力量重点放在薯芋类农作物的增产上”。当天的阁议中出现了“薯芋类增产对策要纲”，为了实现红薯27亿贯[②]、土豆8.5亿贯的目标，国家决定优先确保与之相关的劳力、资材和贮藏设备的投入。

于是，空地、公园、校园等地都变成了薯芋类农作物的农田。我对当时的情景也有着些许记忆。因为我那位于京都市内的家后院也被夷平，种上了土豆。我还记得，把那土豆蒸一蒸，只是撒点盐就好吃得不得了。

但是，比我年长10岁以上的出生于昭和十年（1935年）前后的那些人，对薯芋类似乎又有着别样的感情。因为那是一段每天都在吃薯芋，在忍饥挨饿中存活下来的日子，

① 农商相：农商省的长官。第二次世界大战期间，日本商工省的主要部门移去了军需省，其剩余部门和农林省统合成了“农商省”。

② 1贯=3.75千克。——译者注

大阪·布施市政府的土豆配给。（摄于 1946 年 7 月 6 日，《每日新闻》社提供）

所以很多人对它们甚至有种厌恶感。就像第 2 章论述的那样，我十分重视那些创造了安第斯文明的薯芋的作用，但也有些年长的研究者对此进行了严厉的批判。他们认为："吃薯芋这种东西，怎么可能创造文明呢？想想战后的代用食物，红薯和土豆之类的玩意儿能起多大作用啊？"

但是，抛开对薯芋类的好恶之情，我们应该冷静地对薯芋类的作用进行一番评价。第 3 章我们提过，在欧洲发生战争和饥荒之际，土豆也曾做出过巨大的贡献。这个事实有力地说明：土豆栽培无须太多工夫，而且产量很高。只要放眼世界我们就能知道，的确存在一些将土豆作为主食并倾其所有去栽培的民族。而他们不是别人，就是下一章我们将要讲述的安第斯高原的原住民。

第6章

传统与近代化的夹缝之间——印加后裔与土豆

安第斯高原（海拔约4000米）的土豆收割场景。
（摄于秘鲁的库斯科县马卡帕塔村）

印加后裔们

来到位于秘鲁的安第斯山脉中段的高原地带，尤其是海拔 4 000 米左右的地方，我们会看到和一般秘鲁人装束不同的人群。无论男女，他们都戴着帽子，身披地方色彩浓郁的民族服装，脚穿用旧轮胎再造而成的凉鞋——奥荷塔。而且，他们彼此只会用克丘亚语进行交流。他们正是印加帝国建设者的子孙——通常被认为是印加后裔的克丘亚族。同时，他们也是土豆栽培化开创者的子孙。

如第 2 章所述，众所周知，西班牙人在 16 世纪初期征服了印加帝国。他们对原住民实施了持久的镇压和虐待，但有些人还是忍辱负重存活了下来。他们就是现在的克丘亚族，生活在以秘鲁高原为中心的安第斯高原，其中有些人还在过着印加时代甚至更早之前的那种传统色彩浓厚的农耕生活。

印加时代距今约 500 年，日本当时处于室町时代。如此古老的时代中实行的农业传统，直到现在仍留存在安第斯高原。当然，他们也并非原封不动地保留着印加时代的农业

印第安人原住民的家庭成员和他们的家。

面貌。毕竟西班牙人从16世纪开始的侵略给当地带来了巨大的影响，农业也不例外。比如，西班牙人从欧洲带来了很多新的农作物和家畜。原本，安第斯人民完全不知道还有可以利用畜力的农具，而从那之后他们也引进了给耕牛用的犁。

但是，尽管受过影响，安第斯高原的农业依然十分传统。比如，这里栽培的农作物有一大半都原产于安第斯地区，家畜也是如此。说起农耕操作的核心——农具，很多地区还在使用和印加时代几乎毫无二致的踏锄。甚至在栽培技术和方法上，安第斯地区的传统也仍在发光发热。依靠这种传统农业自给自足的农民并不在少数。

利用巨大高度差的生活

1978—1987 年，为了进行民族学调查，我在秘鲁南部高原的农村里累计生活了两年，那片地域也很好地保持着印加时代以来的传统。而且，他们农业的中心是土豆，饮食生活中也绝对少不了土豆。在此，让我们聚焦这些农民，展示一下土豆栽培化开创者子孙们的生活吧。因为从中我们能看到，那些徘徊在传统与近代化夹缝间的农民的现状。

调查地在马卡帕塔村，它位于秘鲁南部，曾为印加帝国中心的库斯科地区。这个村子的一大半处于安第斯山脉的东斜坡，面积约为 1 700 平方千米，几乎可以匹敌大阪府。村里最低的地方只有海拔 1 000 米，而最高处则达到了约海拔 5 000 米。其中，还能见到热带雨林、云雾林、高山草地甚至冰雪地带等地形和地貌。

那里居住了约 5 000 人，大部分是把印加帝国公用语——克丘亚语作为母语的印第安人，他们也就是原住民。有一部分是被称为米斯蒂的梅斯蒂索人[①]，还有一些是近年才移居到此的移民。其中，印第安人散居在全村最高处的高原地带，移民几乎全集中在低地森林地带，而居住在二者之间的普埃布洛这个村落的则是米斯蒂。

① 梅斯蒂索人：主要特指欧洲血统与美洲印第安人血统的混血儿。

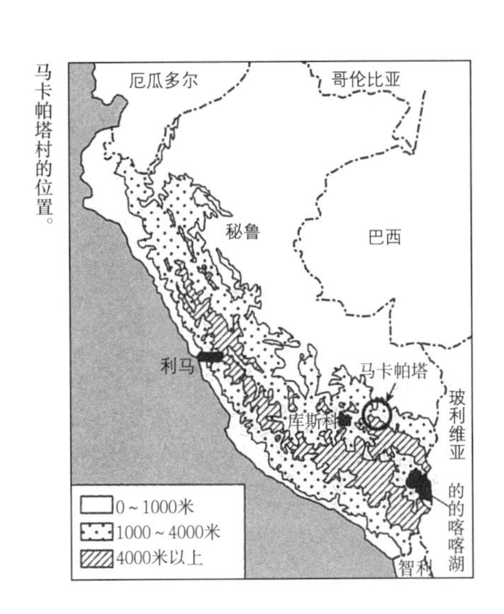

马卡帕塔村的位置。

这种原住民和其居住形态因高度而有所不同的状况与他们的生活形态有着密切的关系，接下来我们仅描述一下印第安人的生活，因为他们才是实行传统农业的那群人。印第安人居住在海拔 4 000 米左右的高山草地，但他们的生活并不仅限于高原。他们会利用安第斯山脉东斜坡那超过 3 000 米的巨大高度差，以家族为单位进行家畜饲养，以土豆和玉米为主要农作物进行栽培。因此，他们会建造一些临时小屋，为了在种植和收获耕地时，或在放牧地看守家畜时临时安身。图 6-1 表现出了这种模式。让我们对照这张图，再具体地描述一下。

从高往低看，家畜放牧以海拔 4 000 米以上的草原地带为中心。放牧的对象除了安第斯地区特产的家畜大羊驼和羊驼，还有从欧洲引进的绵羊。一个家族所拥有的家畜平均为

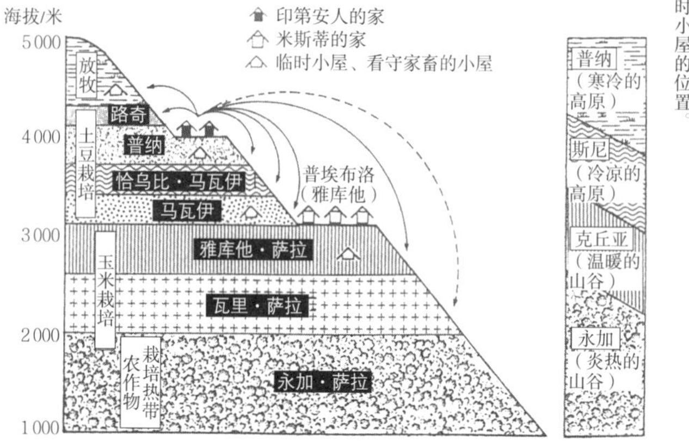

图 6-1 马卡帕塔的印第安人对高度差的利用，以及临时小屋的位置。

50 ~ 60 头。其中，大羊驼和绵羊不挑剔牧草的种类，可以在较大的范围里行动，而羊驼只吃高山草地的牧草，所以牧民仅在高原放牧。尤其是旱季缺乏牧草的情况下，他们就要去湿地附近放牧，那里依靠冰雪融水，一年四季都有牧草可吃。因此，每家都在那里造了临时小屋。

土豆田延绵在海拔 3 000 ~ 4 200 米的区域。不过，如图 6-1 所示，根据不同的高度，土豆田按照种植与收获时期、栽培方法甚至品种分成了 4 种不同的耕地。由低到高的名称分别为马瓦伊、恰乌比·马瓦伊、普纳、路奇。临时小屋常见于马瓦伊和普纳的土豆耕地里。建在前者的原因是耕地离家太远，后者是由于耕地太大，种植和收获要花费很多时间。

下到更低一点的地方，海拔 3 000 米以下的耕地主要栽培玉米。马卡帕塔栽培的玉米根据高度大致分为 3 个类型，分别叫作雅库他·萨拉（萨拉在克丘亚语中是玉米的意

临时小屋。由于室内很暗，白天他们都会在外面干活。

思）、瓦里·萨拉、永加·萨拉。其中，栽培瓦里·萨拉和永加·萨拉的人较少，大家几乎都在海拔 2600 ~ 3000 米的区域栽培雅库他·萨拉。这些玉米耕地离家也很远，所以农民们建造了临时小屋。像这样，他们的生活伴随着临时小屋和家畜看守小屋，一整年里在安第斯山脉的东斜坡上上下下，用以食用的粮食都是每个家庭自给自足的。

众所周知，这种自给自足的生活正是印加时代以来的传统。此外，农作物栽培及家畜饲养虽然基本都以家庭为单位，但不代表每家都能随意进行种植与收获。因为前述这些耕地都是各自拥有成员权的共同体的共同耕地，这种共同体叫作克姆尼达，带有印加时代甚至更早时期流传下来的地缘血缘传统。因此，种植和收获都在共同体一起决定的时期里进行，使用共同耕地时也会受到共同体的种种限制。

全芋宴

那么，他们是如何消费在这种环境下获得的农产品的呢？在此以我借住时间最长的人家为例，给大家做一番介绍。这是一个位于海拔约 3 800 米的高原，由夫妇和 4 个孩子组成的六口之家。他们家在更高的高原饲养了大羊驼、羊驼和绵羊等约 50 头家畜，在低地主要栽培玉米，在中间地带主要栽培土豆。虽然我没有获取关于土豆和玉米的具体产量，但这些收成已超过了家族所需的消费量，他们用物物交换或直接出售的方式获得的钱购买了砂糖、盐、灯油、衣服等，主要是食料以外的物品。

在饮食方面，早、中、晚一日三餐是基本的，这户人家为了看守家畜或田间劳作，午餐经常在室外进行。图 6-2 中显示了整个 9 月的三餐主食材构成情况。9 月是种植土豆的时期，在田间吃午餐的次数很多。由于没有明确区分主食和副食，所以除了饮料和调味料，这张图统计了所有用餐主食材的出现频率。比如秋诺汤，它一般包含了土豆和肉等食材，不过这里仅将秋诺作为主食材加以计数。因此，图 6-2 上显示的比例虽然和实际的食用量不一致，但还是能看出整体的倾向。对于其数量，接下来我将具体进行说明。

这户人家的饮食中出现的主食材总计 214 样，食材包括米、小麦、玉米、藜麦、豆、土豆、秋诺、乌鲁薯以及肉这

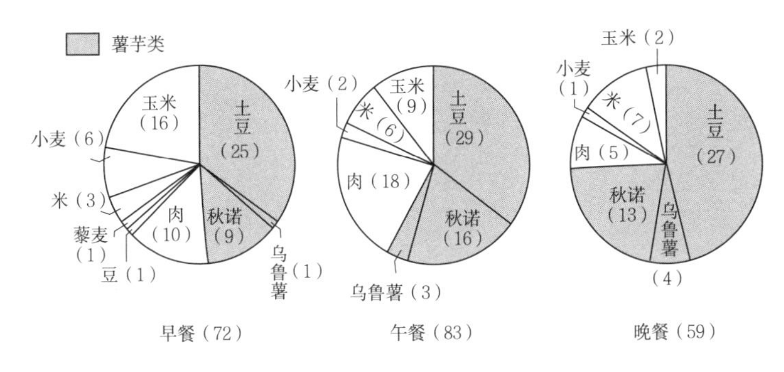

图 6-2　马卡帕塔村饮食的主食材

9 种类型。在 90 次用餐中出现 214 样主食材，说明一餐里会食用多种菜品。这些主食材中，除了米、小麦、藜麦，其余都产自马卡帕塔。此外，尽管米、小麦出现的频率高，但用量并不大。

从图 6-2 上我们可以看到，早中晚三餐的主食材几乎没什么变化。并且各餐之中，包括土豆、秋诺在内的薯芋类食物出现的频率相当高。具体来说，早餐占 49%，午餐占 58%，晚餐甚至有 75% 都是薯芋类食物。另一方面，玉米所占的比例分别是：早餐 22%，午餐 11%，晚餐则仅占 3%，其比例远远低于薯芋类食物。

抛开出现频率看一下重量，薯芋类食物占所有食物的比例应该会更高。比如，虽说他们不区分主食或副食，但从内容上来看还是有所谓的主食的。这是一种叫帕帕・瓦伊科的食物，做法是将土豆放在土锅等容器中蒸熟。有时不仅土豆，他们还会把酢浆薯、乌鲁薯、旱金莲薯、秋诺等放进去一起蒸，而这些也都是薯芋类的食材。他们一年到头几乎每餐都

主食帕帕·瓦伊科。蒸来吃的土豆。

要吃帕帕·瓦伊科。比如，在我们举例的9月中，早餐和午餐一共吃了25次，晚餐吃了26次。并且，他们往往只靠帕帕·瓦伊科、一点点肉干和辣椒蘸汁便能做成一顿饭。因此，把他们的餐桌说成“全芋宴”也是丝毫不为过的。

遗憾的是，我的调查无法反映出食物的量，但如图6-2所示，我对三餐中“薯芋类占据八成比重”的印象还是非常深刻的。这不是单单这一个家庭的状况，所有家庭都会大量食用薯芋类农作物。因为每家每户都在以土豆为中心的薯芋类农作物栽培上花费了大量的劳动力。

其中有一点颇让人注意。由于土豆的营养成分大半为淀粉，缺乏蛋白质。因此，以薯芋类为中心的饮食容易让人营养结构失衡。那么，欠缺的那部分营养靠什么来弥补呢？答案是：肉类。如图 6-2 所示，早餐和午餐里肉类的占比虽然超过了秋诺等食材，但在量上其实更少一些。然而，他们对肉类的消费具有一个特征，即虽然量很少，但几乎每顿饭里都有肉，出现频率十分高。

使用肉类的菜品中，出现得最频繁的要数用土豆和秋诺等一起煮的汤了。前面我们提到，他们经常在室外吃午餐，这时他们常会配上肉干。获得了新鲜肉时，他们也会放在炉灶的火上烤来吃。从这些食物中我们可以看到，以淀粉为主体的饮食中，肉类是不可或缺的食材。

我们也不能忘记肉类的供给源。那是他们养在室内的库伊（一种荷兰鼠）。印第安人几乎每家都会饲养 10 ~ 20 只库伊，都是用来吃的。不过，库伊并不是日常的食物。它是祭祀或家里有访客时的必备品，也就是“喜庆的食物”。库伊是种小动物，在量上发挥不了多大作用，但即使如此，7 月到 8 月左右祭祀活动较多的时期里，人们还是会频繁地宰杀库伊，端上餐桌。

库伊。祭祀时不可或缺的祭品。

具备特殊价值的玉米

第 2 章的结论部分，我们从库洛尼卡资料中推断出：“印加帝国的主食是土豆，而玉米是礼仪性的农作物。”这个推断正确吗？在此我来说说，在与原住民实际共同生活，并对他们的饮食习惯进行调查后的观察结果吧。

在印第安人家中和他们同吃同住时，我有个惊讶的发现。哪怕是马卡帕塔村这种位于印加帝国中心库斯科地区的村子，与原住民饮食中占比较大的薯芋类相比，玉米也几乎不怎么出现在他们的餐桌上。而他们也不是完全不吃玉米。从图 6-2 可以看到，晚餐几乎没有玉米的影子，但早餐还是出现了 16 次。不过，他们很少把玉米当作主食。最常见的吃法是用石臼把玉米粒碾碎，然后放进汤里一起煮，叫作萨拉·拉瓦。他们也经常会在土锅里把玉米粒炒熟做成一种叫康恰的食物，作为田间劳作或看守家畜时带在身上的干粮。但从整体来看，玉米实在称不上主食，消费量也非常少。

当放眼整年，我们将会看到，有些时期他们确实也会盯着玉米吃。那是在因收获玉米而暂时移居到玉米田旁的小屋时。那段时间里，一日三餐甚至副食，他们都会吃刚收下来的玉米。偶尔，他们也会吃物物交换来的奶酪或肉类，但主食仍是煮玉米粒，当地叫摩泰。他们会这么做是出于如下几个理由：

首先，收获季节是唯一能吃到新鲜玉米的时期。其次，新鲜玉米粒相对较软，更容易烹饪。最后，玉米田位于海拔 3 000 米以下的森林地带，那里更容易获得柴禾等燃料。反过来说，干燥的玉米粒很硬，尤其在气压较低的高原，烹调起来很困难。所以，在高原烹调玉米才会采用磨成粉后煮粥或是炒熟这种做法。过了收获季节，基本就不会出现煮出来的摩泰了。

前一节我们提到当地人会把库伊当作节庆日的食材，而玉米似乎也有着相同的用途。实际上，对一直生活在寒冷高原的人来说，位于温暖森林地带的玉米田是个和日常生活相去甚远的世界。在玉米收获的季节，会有很多人从马卡帕塔以外的地方聚集到此，用玉米进行物物交换。曾经的印加时代会有农耕的祭祀，而玉米的收获也洋溢着这种氛围。

以乌米塔这个名字为人所知的玉米食品。

人们会在玉米收获时期准备象征祭祀意义的食品。马卡帕塔村民叫它拉多立乔，安第斯地区一般称它为乌米塔或乌敏塔。它的材料是刚收下来的玉米中仍比较柔软的颗粒。把这些玉米粒放到石臼等容器里捣碎，加上砂糖或盐搅拌均匀，用玉米皮包起来，最后夹在加热的石头之间烤制而成。它只会出现在玉米收获时期，在印加时代，夏至后举行的“太阳祭典”中会大量提供这种食物，由此为人所熟知。“太阳祭典”是印加帝国最大也是最庄严的祭祀，被称为库拉卡的首长们带着乐团从四面八方汇聚于此，和印加王一起游行。

还有一种东西更为华丽地体现出了玉米的属性。那就是用玉米酿的酒：奇恰。印加时代，在农耕、祭祖仪式以及祭典等场合，奇恰酒都是必不可少的，这种传统直到今天还保留在马卡帕塔。比如，对那些曾经帮忙农耕或是翻新屋顶的人，这家人肯定会拿出奇恰酒来招待。在各家进行的家畜繁殖仪式或共同体的祭典中，也少不了奇恰酒。尤其是四年一次的翻新神庙屋顶的祭典，村民全体出动，所有人会在将近一周的时间里喝掉大量奇恰酒。

为何要利用巨大的高度差

上面我们提到的这种利用巨大高度差的生活方式，不只马卡帕塔村，在整个安第斯高原都很常见。那么，他们为什么要采用这种生活方式呢？为了获得多样的资源——这是毋庸置疑的。那么这是为了粮食的自给自足吗？如果仅仅出于这个目的，跨越如此之大的高度差似乎并无必要。

实际上，根据我的观察，马卡帕塔村民的主食是以土豆为中心的薯芋类，再配上大羊驼、羊驼，以及前面我们提到的库伊等肉食就能实现粮食自给。而另一方面，低地的主要农作物玉米，与其说作为粮食，不如说是用来酿造宗教仪礼等场合不可或缺的奇恰酒。

将以土豆为中心的薯芋类作为主食，将玉米作为主要的酿酒材料，这种做法在安第斯高原是非常普遍的。而且这似乎是从印加时代就保留下来的传统。其实我们已经知道，从印加时代起就有以村落为单位利用安第斯山脉东斜坡的巨大

正在分奇恰酒的克丘亚女性。奇恰酒在仪式和祭典里必不可少。

高度差来生活的民族。而且，他们除了一边在高原饲养家畜、栽培土豆，一边在低地种植玉米，还会栽培一种同样在仪式中必需的植物——古柯树。玉米和古柯树都是温暖地带的农作物，无法栽培在气温较低的高原。而且，比起粮食，当地人认为低地栽培的农作物更应该用于宗教仪式。

这种从印加时代开始的对高度差的利用，引起了研究安第斯地区的人类学专家们的巨大关注，大家从各个角度以"垂直统御"论为核心对其进行了论证。其中，人类学专家们认为，这种对高度差的利用，与其说出于经济角度的考虑，不如说主要与安第斯原住民的世界观和象征体系有关。

但随着在马卡帕塔村停留时间的增长，我开始对这种思考方式产生了怀疑。这是不是过于强调农业的文化意义，而忽视了农业本身就具备的粮食生产这个功能呢？而且从这个角度重新审视安第斯地区的农业时我们会发现，对高度差的利用是在严酷环境中的一种生存战略，尤其是对这种分散收获风险的做法发挥了很大的作用。

的确，如前所述，安第斯高原处于低纬度地区，即便是高原，气候也相对温暖，但对开展农业生产来说，这里的条件仍然非常恶劣。以第 1 章的玻利维亚拉巴斯机场为例，那里的平均气温虽然在 10 摄氏度左右，但我们需要对其做出一些补充注释。诚然，安第斯高原因为纬度低，一整年的气温几乎没有太大变化，但一天内的气温变化却十分剧烈。尤其是从 4 月左右持续到 9 月的旱季，昼夜温差巨大，最低气温甚至会跌到零下几度。此外，这里降雨很少，拉巴斯机场一年的总降雨量只有区区 668 毫米。尤其是在几乎不会降雨的旱季，是不可能依靠自然降水去支撑农业的。一方面，旱季的存在、巨大的昼夜温差和绝对的低温等因素都给维持土壤的肥力带来了很坏的影响。另一方面，持续半年的雨季又会给斜坡较多的安第斯地区造成水土流失，冲走土壤中的养分。这些因素导致人们认为，安第斯高原的一大半土地生产力低下，而且环境脆弱。

此种环境下的农业始终存在着隐患，由于气候变异、病虫害等原因，农业很可能遭受毁灭性的打击。尤其是安第斯高原这种易变的气候，在海拔超过 4 000 米的高原上，栽培期间甚至还会降雪降霜。那里还整体缺乏降雨，而且每年降雨的时期和降雨量都有很大变数。

在这种环境和状况下发展农业，比起追求高产量，更重要的是维持生产的稳定。因为人们认为，农作物歉收会令整个社会陷入危机。而回避这种危机的方法之一就是利用安第斯地区的高度差，根据不同高度栽培不同农作物、饲养不同家畜，过上自给自足的生活。而最能反映出这种做法的就是利用巨大高度差实施的土豆栽培。所以，我想和大家聊聊具体的方法。

高度差超过 1 000 米的土豆耕地

马卡帕塔村的土豆耕地分布在高度差超过 1 000 米的范围内，根据不同高度，一共分为 4 种共同耕地。前面我们已经说过，这 4 种共同耕地是用于不同收获期的土豆田。也就是说，在马卡帕塔村里，每个家族都有 4 种土豆田。而且，这些农田分散在高度差超过 1 000 米的区域之内。那他们为什么要在如此大的高度差内，把土豆田分成 4 种呢？

通过在当地获得的信息我们了解到："这是为了一整年都能吃上新鲜的土豆。"的确，因为一年可以在不同时期收获 4 次土豆，这也就增加了吃上新鲜土豆的机会。另外，由于土豆含水较多，不易长期保存，像这样多次收获其实更适应实际需要。

不过，观察了村民的饮食状况后，我发现还存在一个巨大的理由。因为日常食用的土豆大半都是在普纳共同耕地里收获的，而剩余耕地里收获的土豆只占极小比例。其实，这 4 块共同耕地的大小并不均等，只有普纳的共同耕地面积占有压倒性的地位，剩余的 3 块共同耕地都非常狭小。因此，在各家拥有的共同耕地里，普纳的那部分面积最大。

而另一个可以想见的理由则在于风险的分散。原本土豆是适宜栽种于寒冷高原的农作物，但前面我们也提到了，当地环境对农作物栽培来说十分严酷，也就是说存在较大的收

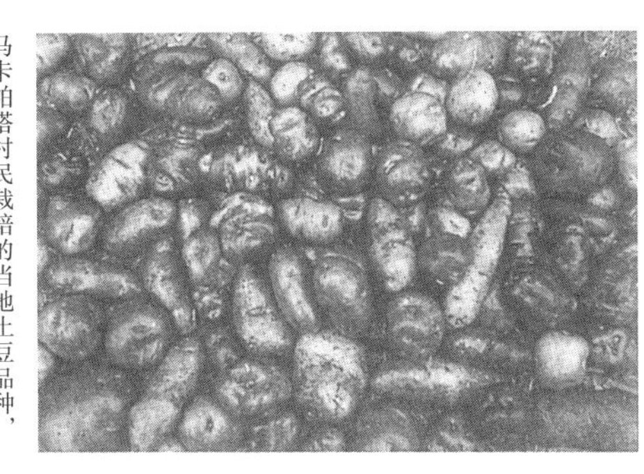
马卡帕塔村民栽培的当地土豆品种，约有一百多个。

获风险。而避免或减少这种风险的方法之一，就是利用较大高度差之间的不同气温和雨量，错开栽培期进行种植。具体来说，海拔较低的地区因为气温高雨量多，所以要早种，而越高的地方，种植期就越要推迟。事实上，海拔最低的马瓦伊耕地是在 8 月进行种植的，而与此相对，海拔最高的路奇耕地则要到 10 月底左右才开始，二者之间相差了两到三个月。

像这样，各家将生长状况各异的 4 个土豆类型栽培在不同高度的耕地里。如此一来，即使在气候异常的时期，其影响也会因海拔而有所不同。而病虫害可能导致的灾害也是同等道理。因此我们认为，将土豆耕地分散在高度差较大的区域中，其目的就是分散收获的各种风险。

从这个角度来说，有一种共同耕地颇值得玩味，即 4 种共同耕地中海拔最高的路奇。如它的名字所示，这片共同耕地里专门栽培路奇这个土豆品种。并且，路奇是在众多品种中耐寒性和抗病性最强的。但路奇因为味道苦涩，煮了也无法入口，所以全都被加工成秋诺贮藏起来，一般作为食材不足时期的储备粮。

为了防止减产

关于土豆耕地的分散，不仅有上述的垂直方向，还有水平方向的分布，这就是土豆耕地的闲置系统。土豆耕地的闲置是从印加时代或更早之前流传下来的，现在仍广泛应用于安第斯高原。在马卡帕塔村，前述的4种土豆共同耕地都各自被分成5个耕区，每次只使用其中一个耕区，剩下的全部闲置。有时，会在次年用的耕地上栽培土豆以外的农作物，但也只会占用其中的一部分，大部分耕地都是闲置的。

为什么要闲置呢？人们向来认为这是为了恢复耕地的地力，但我对此抱有疑问。确实，闲置是有着恢复地力的作用，但安第斯高原的土豆耕地闲置是为了防治疾病。

事实上，土豆是种抗病性较差的农作物，尤其是连续耕种会加大病害的发生率。其中，安第斯地区最大的病害是线虫（英语：nematode），而有效的祛除对策就是闲置。并

土豆耕地。靠前的是栽培中的耕地，后方为闲置地。

且人们认为："在线虫生存密度较高的时候，为了切实保障土豆的产量，需要以五年一轮回的频率来进行栽培。"

综观整个安第斯高原，我们会发现土豆耕地的闲置时长各不相同，有的地方闲置期甚至长达十多年。也有地方会在次年用的耕地上轮流种植各种农作物。但是，不论哪种情况，都不会连续种植，至少大家都遵守着"四年不在同一块地里种土豆"的原则。

这项事实有力地表明，闲置的最大目的与其说是恢复地力，不如说是预防土豆的病害。当然，此种方法之下，每年可使用的耕地只占总体的几分之一，被迫将其产量限制在一个极低的水准上。但这也表明，他们首要的目的是确保产量的稳定性，而非生产性。

另外还有个例子能说明，安第斯高原的土豆栽培重视产量的稳定性胜于产量的高低，即农民们会在一块耕地里混种多个品种。假如把高产量放在第一位，那么他们应该只会选择高产量的品种，盯着这一种去种就行了。但事实是，他们经常把高产量和低产量的品种混在一起。

我们在马卡帕塔村也能发现这种状况。图 6-3 显示的是海拔约 3 900 米的一部分普纳共同耕地中栽培的土豆品种，仅仅在这么小的面积里都能看到二倍体、四倍体还有五倍体土豆，品种更是超过了 30 种。其中，二倍体土豆一般来说产量较低，而四倍体通常比二倍体的产量要高。但农民们把二倍体、四倍体甚至五倍体土豆全都栽培到了一起。

可以推断出的理由之一是，多样品种的栽培可分散风险。如图 6-3 所示，马卡帕塔村栽培的土豆品种相当多，这些品种不仅形态各异，对抗病虫害及气候，甚至对环境的适应性

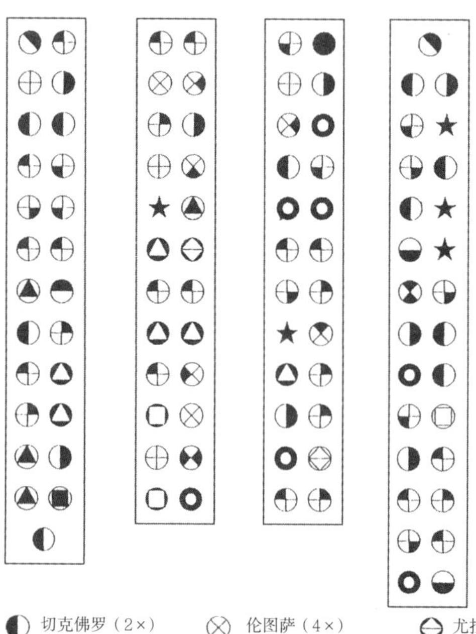

※称呼均为克丘亚语。
※括号内的数字表示倍数，没有数字的表示尚未判明。

图 6-3　一亩土豆田中可见的品种。

也各不相同。我们已经知道二倍体土豆中有些品种十分耐寒，而前面我们也曾提到，五倍体土豆除了有极其优秀的耐寒性，抗病虫害能力也很强。

因此，一块土豆田里栽培这么多个品种，或许更适合看成是对风险的分散。将耐寒性和耐病性各异的品种混栽起来，目的是尽可能防范因气候异变和病虫害而导致的减产。从这一点来说，图 6-3 所示的土豆田里还种了一种让人很感兴趣的农作物。

在马卡帕塔村，它被称为伊萨诺，而一般我们叫它旱金莲薯，这是一种和土豆完全不同的旱金莲科块茎植物。在图 6-3 中，用★来表示，一亩田里只有 1 ~ 3 株。我们询问村民为什么要把它混种进去，往往会得到“把伊萨诺和土豆混种，土豆就会长得更好”的答复。

村民们认为，把旱金莲薯和土豆等薯芋类混种，就能防止它们得病。其实，旱金莲薯含有一种物质，可以祛除会让土豆染病的线虫。

◇◇◇◇◇◇◇◇◇◇◇◇◇◇◇◇◇◇◇◇◇◇◇◇◇◇◇◇◇◇

传统与近代化的夹缝之间

至此，我们了解了马卡帕塔村以土豆为栽培中心的安第斯高原的传统农业特色。从整体来看，其特征是放弃高产量，而谋求低却稳定的产量。恐怕，正是因为安第斯高原的农业具有这样的特色，这么多人才能在那里生活了数千年之久吧。印加帝国曾拥有一千万人口，我们知道他们大半都生活在安第斯高原的山岳地带。而现在，安第斯高原是全球人口最多的高原，但那里却没有发生大规模的饥荒。

这里我们不由会想到第 3 章介绍的爱尔兰土豆大饥荒。爱尔兰在开始栽培土豆 200 多年后，由于疫病而遭受了严重的饥荒。其原因在于爱尔兰人太过依赖土豆，而且他们连年栽培单一品种。这么一比较，我们认为，安第斯地区的土豆栽培设置了二重甚至三重风险回避方案，拜它所赐，这么多年来他们才得以逃过了大规模的饥荒。

那么，印加帝国灭亡将近 500 年后的今天，对于生活在 21 世纪的安第斯农民来说，这种传统农业是否存在问题呢？事实上，几乎所有农民都对传统农业感到不满。通过采访我们得知，差不多所有人都在哀叹产量的低下。尤其是近年来的土豆产量，因为人口增长导致闲置时间变短或是轮作年数加长，很多农户的收成都惨不忍睹。

确实，从产量这一点上来看，安第斯地区的传统农业是停留在极低的水准的。比如，美国的土豆单位面积（公顷）产量达到了约 40 吨，而安第斯地区农村仅为 3 吨，不及美国的十分之一。而且，如前所述，安第斯地区的土豆栽培至少要留出几年的闲置时间，所以单位耕地面积的产量更是低得只有美国的几十分之一。

作为参考，我们在此比较一下秘鲁与其他国家的土豆年产量。图 6-4 显示了 20 个土豆大国的土豆年产量，第 5 位到第 11 位被乌克兰、德国、波兰等欧洲诸国所占据。与此相对，土豆原产地之一的秘鲁仅屈居第 17 位。而且，秘鲁国土面积约为 128 万平方千米，前述的欧洲诸国国土面积仅为它的一半至四分之一，白俄罗斯甚至只有它的六分之一。顺便一说，日本的产量与秘鲁差不多，位居第 19 位，但国土面积只有秘鲁的三分之一。

秘鲁的土豆产量如此之低的原因之一是他们的小规模农场较多，而且他们基本在种植产量较低的本地品种，而非产量较高的改良品种。此外，安第斯地区自古以来就使用家畜粪便做肥料，与化肥相比，它们的效果较差。安第斯农民不可能不知道这些事实，但是购买改良品种和化肥对于实行自给农业的他们来说非常困难。因为自给农业几乎没有获得现金的手段。

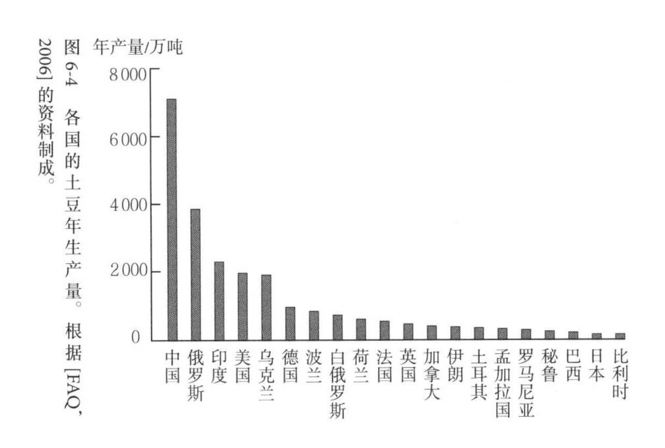

图 6-4　各国的土豆年生产量。根据 [FAQ, 2006] 的资料制成。

于是，安第斯传统农业陷入了两难的境地：要追求稳定性，产量就会下降；要追求高产量，则风险就会增大。但是要解决这种困境并非易事，很多农民在经济上都很拮据。此外，由于必须在落差巨大的田地之间上上下下，他们的劳动也十分辛苦。所以，现在安第斯山岳地带出现了一个明显的现象，即人口逐渐从山岳地带流向了低地，尤其是从农村流向了城市。1940 年秘鲁首都利马的人口约为 60 万人，但 1970 年就激增到了 400 万人，而现在已接近 800 万人。

城市与农村的巨大落差

人口迁移的原因在于，山岳地带的原住民不仅经济上贫困，在道路、用电、用水、医疗以及教育方面，农村和城市都存在着巨大的落差。因此，山岳地带出现了过疏化现象，这招致了地域社会的崩塌，资源共同体不再实施管理，甚至出现了环境破坏。另一方面，城市则出现了人口集中和城市贫民窟，催生了大气污染等问题，社会的不安定性也随之增大。

这对生活在日本这种和平国家的人来说或许很难体会。在此我稍微谈谈自己的经历。我从 1984 年开始的 3 年间和家人一起居住在秘鲁首都利马。1985 年当地治安开始恶化，夜里实行了宵禁，午夜 1 点到 5 点禁止居民外出。而这恶果

利马市郊外的贫民窟。当地叫它普艾布洛，意为『年轻的城镇』。

就是城市与农村的巨大落差导致的。我生活过的马卡帕塔村没电没水没煤气，夜里人们在漆黑一片中忍冻入睡是常有的事。而在利马，夜里灯火通明，拧开水龙头就有热水的家庭并不在少数。

这种状况引起山岳地带贫困农民的不满也是不言而喻的吧。因此，山岳地带出现了制造反政府恐怖袭击的组织，最后他们把矛头指向了城市。炸弹恐怖袭击时有发生，每次利马都会停电，人们点起蜡烛勉强度日。每月甚至有 300 人会死于炸弹恐怖袭击。于是，利马发布了非常事态宣言，夜间也禁止外出。这些反政府组织还把战火扩大到了城市以外，波及了我曾经进行调查的库斯科地区。结果，持续了 10 年的对马卡帕塔村的调查也被迫中断。

之后，我有十多年没回过马卡帕塔村，其间，藤森总统打击恐怖袭击的政策奏了效，治安得以恢复，于是几年前我故地重游。令我吃惊的是，得益于道路的整备，当初我们去马卡帕塔村得坐在卡车后面，现在则通了巴士。而且马卡帕塔村中心的村落也通了电，还有了网吧。这样的变化使得村民们的表情更为阳光，村子也充满了活力。

另外，因为出现了定期衔接城市的交通工具，现金经济也开始渗透到了当地。我听说，曾经十分丰富的当地土豆品种现在少了很多，取而代之的是销售用的改良品种。如果真是如此，他们那种追求稳定性胜过高产量的土豆栽培方法又会发生什么样的变化呢？他们那全面依赖土豆栽培的生活是否会发生根本性的巨变呢？今后，我想继续对这些变化进行观察。

第7章

消除偏见——土豆与人类的未来

街头贩卖土豆的埃塞俄比亚女性（摄于亚的斯亚贝巴近郊）。

持续至今的偏见

如前所述，不论在欧洲、喜马拉雅地区还是在日本，土豆都曾在战争和饥荒中作为救荒农作物发挥了很大的作用。而且，土豆没有仅仅停留在救荒的功能上，它使得人口的大幅增长成为可能，推动了欧洲的工业革命，对社会与经济产生了巨大影响。这份影响，说是改变了世界也不为过。

然而，土豆的这些贡献却鲜有人知。尤其在日本，这种倾向很明显。土豆曾在欧洲遭遇了偏见，而在日本，人们也会以“土豆妹”“苕货”等和土豆等薯芋类挂钩的说法来表达蔑视。不过从年龄层来看，越是年轻人，对土豆倒越是不带鄙夷。或许是因为他们从薯片和炸薯条等食物中对土豆产生了亲切感。会蔑视甚至厌恶土豆的似乎是那些经历过战争的老年人，大概这会勾起他们那段把土豆当饭吃的忍饥挨饿的苦涩回忆吧。

不过，正如之前我们提到的，有不少国家或民族会把土豆当作主食而非代用食品。其实放眼全世界，日本倒是显得很特立独行。表 7-1 里列出了各地的土豆产量。由此我们会发现，亚洲和欧洲占据了土豆总产量的80%以上，不过由于亚洲人口众多，因此在消费量上则出现了不同的倾向（见表7-2）。欧洲的年人均土豆消费量约是96千克，接着是北美的近58千克。与此相对，亚洲只有约26千克。而日本比亚洲的平均消费量还要低，约为25千克。也就是说，日本的土豆消费量仅为欧洲的四分之一，相差非常大。这说明，土豆在日本只是代用食品，而欧洲很多国家则是把土豆当成主食。

表7–1　各地区土豆产量（数据来自FAQ，2006）

地区	耕作面积/公顷	产量/吨	单位面积产量/吨·公顷
非洲	1 499 687	16 420 729	10.95
亚洲/大洋洲	9 143 495	131 286 181	14.36
欧洲	7 348 420	126 332 492	17.19
拉丁美洲	951 974	15 627 530	16.42
北美洲	608 131	24 708 603	40.63
总计	19 551 707	314 375 535	16.08

表7–2　各地土豆消费量（数据来自FAQ，2005）

地区	人口	消费	
		消费量/吨	年人均消费量/千克
非洲	905 937 000	12 850 000	14.18
亚洲/大洋洲	3 938 469 000	101 756 000	25.83
欧洲	739 276 000	71 087 000	96.16
拉丁美洲	561 344 000	13 280 000	23.66

续表

地区	人口	消费	
		消费量 / 吨	年人均消费量 / 千克
北美洲	330 608 000	19 156 000	57.94
总计	6 475 634 000	218 129 000	33.68

人们对土豆等薯芋类农作物还存在一个非常大的偏见：薯芋类农作物只含淀粉，几乎不含其他的营养素，是一种没营养的食品。那么，事实果真如此吗？在此，我们把日本人的主食——米饭（精白米）、以小麦为原材料的通心粉和通心面，还有蒸土豆来做一番比较吧。图 7-1 里列出了 100 克可食用部分中所包含的营养价值。从中可见，土豆含的热量为 84 千卡，虽然不及大米的 168 千卡和小麦的 149 千卡，但矿物质和维生素类一点也不比它们差。尤其是，土豆含有丰富的维生素 C，而这在谷类中几乎找不到。一个中等个头的土豆几乎包含了人体一日所需的维生素 C 的一半，而钙质也达到了一日所需的五分之一。总之，土豆里的营养素绝不仅仅只有淀粉。

真要说起来，土豆的含水量太大倒算是个问题吧。土豆含水将近 80%，即便有营养价值，也都稀释到了这些水分里。于是，在那些把土豆当成主食的地方，为了获得足够的营养就要大量食用土豆。实际上，安第斯高原的农民普遍一顿要吃 10 ～ 20 个土豆，重达 1 千克。而吃了这么多土豆，

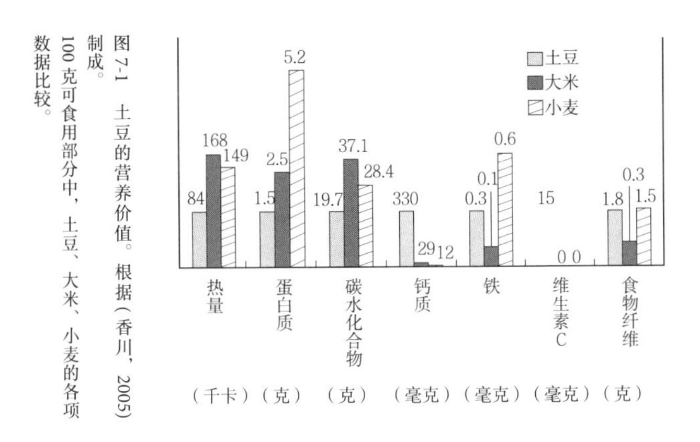

图 7-1 土豆的营养价值。根据（香川，2005）制成。
100 克可食用部分中，土豆、大米、小麦的各项数据比较。

当然就“力大无穷”了。他们常常会扛着三四十公斤的重物在起伏多变的安第斯地区上上下下。

此处又会出现一种偏见，即吃土豆等薯芋类食物会“变得和土豆一样肥”。然而这只是毫无根据的迷信。如前所述，在单位重量下土豆的热量要远低于谷类。当然，这和土豆的烹调方法也有关系，如果做成炸薯条，这热量就赶上谷类了。因此，只要注意做法，土豆其实是一种十分健康的食品，我们应该从这个角度来对它重新进行评价。

以史为鉴

回顾过往，土豆从故乡安第斯地区出发踏上旅途之后就一直逃不开偏见。而打破这种偏见的是反复出现的饥荒和战争。这段历史中，应该有很多东西值得我们学习。

首先，饥荒不是只存在于过去，现在世界各地还会发生规模不等的饥荒。其次，战争也从来没有消停过。为此，据说全世界至少有 10 亿人苦于营养不足和营养不良。最后，今后的粮食问题也不容乐观。因为全球人口正在激增，但耕地面积却已接近极限。况且，由于水土流失和沙漠化等问题，全球耕地面积甚至有减少的趋势。

在这种状况下，人类在不断探索各种粮食增产的方案时，试图增大产量。此处存在的问题是，提到粮食，通常只指谷物。比如，日本的粮食自给率一般就是指谷物自给率。也就是说，人们只把谷物当成需要解决的问题，却完全忘记了薯芋类农作物在过去做出的贡献。前面我们提到，薯芋类农作物和谷类农作物一样，从人类开始农耕的时候就是重要的粮食来源。而且，薯芋类农作物还有着优于谷类农作物的特点。比如，下面这段文字就说明了薯芋类农作物的优点：

首先，薯芋类农作物对太阳能的利用率很高，相同面积的土地上，它们能比谷类农作物获得更多热量，是所有农作物中最高的。在谷物遭受冷害的气候时，薯芋类农作物也能捕捉到大量太阳能，确保产量。其次，它们对土壤中水分的利用率非常高。因此在含水较少的土地中也能茁壮成长，所以即便因干旱而长不出谷物等农作物时，薯芋类农作物也能有所产出。最后，薯芋类农作物对肥料的吸收力也很强，哪怕肥料不多也能成长起来。除此之外，它们还很擅长对抗意外灾害。

（星川清亲《薯芋 重新审视来自土地的恩惠》）

尽管拥有这些长处，薯芋类农作物的重要性还是没有得到正确认识，人类对它们的研究进行得很不充分。而栽培土豆的农民也没有具备足够的知识和技术。这些都给薯芋类农作物的增产留下了很大的余地。比如，之前的表 7-1 显示，非洲的单位面积（公顷）土豆产量约为 10 吨，而北美约为 40 吨，两者之间有约 4 倍的巨大差异，这说明对于土豆增产，有些地区蕴藏着巨大的可能性。

当然，薯芋类农作物也有短处，只提优点不提缺点总是不太公平。我们曾经反复提到，薯芋类农作物最大的短处就

当地人正在尼泊尔昆布高原加工土豆。把土豆煮过之后，放在户外晒干做成储藏食品。

是含水多、易腐烂、无法长期保存。不过我认为，通过相关技术的开发，这些短处还是有可能克服的。比如，北海道开拓过程中人们把土豆制成淀粉，使保存成为可能，而安第斯和喜马拉雅地区的人们也都发展出了把土豆加工成保存食材的技术。这些世界各地人民发展出来的土豆加工技术世代相传，如今仍十分活跃。

扩展至非洲的土豆栽培

国际上有些机构已经认识到了这种动向，并为此推行了举措。其中具有代表性的机构就是国际土豆中心。这个中心取其西班牙语名称的首字母，简称 CIP。CIP 是全球 15 家国际农业研究中心之一，总部位于土豆原产地秘鲁的利马，那里聚集了世界各地一百多名研究者，主要研究发展中国家的土豆增产问题。它在其他地方还设有分部，CIP 通过它们

国际土豆中心总部。左边墙上的图案是 CIP 的 LOGO。

向世界各地人民普及土豆的栽培知识和技术。

其实，从 1984 年到 1987 年，我也曾作为访问学者在 CIP 工作了 3 年。我所属的是社会科学部门，其他还有分类学、遗传育种学、昆虫学、病理学、生理学等部门。而且，这里会跨部门组建团队，研究土豆栽培及其利用相关的各种问题。

CIP 倾注了大量精力的研究是：开发具有抗病性的品种。先前爱尔兰的例子显而易见地说明，土豆是一种抗病性较弱的农作物，这就是优先开发抗病性品种的原因。此外，高产量改良品种的普及也是一个大课题，世界各地都出现了喜人的成果。然而，很不可思议的是，改良品种几乎没有普及到土豆的故乡秘鲁和玻利维亚等安第斯地区。个中原因在哪儿，这就是我在 CIP 接受的研究课题。

其实，本书第 6 章所提到的报告，就是我对该课题进行调查后得到的结果。

在此我重新论述一下，为什么改良品种未能在安第斯高原获得普及。一言蔽之：贫穷。前面我提到，首先，马卡帕塔村的农民也知道改良品种的存在，但他们购买起来有难度。因为他们几乎没有获得现金收入的手段，所以手头很难有现金。其次，为了获得改良品种，他们必须去库斯科那样的城市里，但他们负担不起交通费。再次，改良品种需要大量施以化肥，产量才会提高，而他们也买不起化肥。更重要的一点是，改良品种很难吃，比本地品种的含水量还要大，所以难以储藏。于是，他们只好遵循自古以来的传统，栽培当地品种，而肥料则沿袭印加时代以来的传统，使用家畜的粪便。

虽然安第斯高原存在这样的状况，但从全球来看，CIP还是有其贡献的，近年来，土豆的全球产量一直在急剧增长。特别是在发达国家的土豆产量逐渐减少的局面下，发展中国家的土豆年产量却在飙升，2006年几乎要跃居发达国家之上（见图7-2）。这不仅是产量的增大，非洲等原本不种土豆的地区近年来也开始栽培土豆，和这个现象的出现也不无关系。

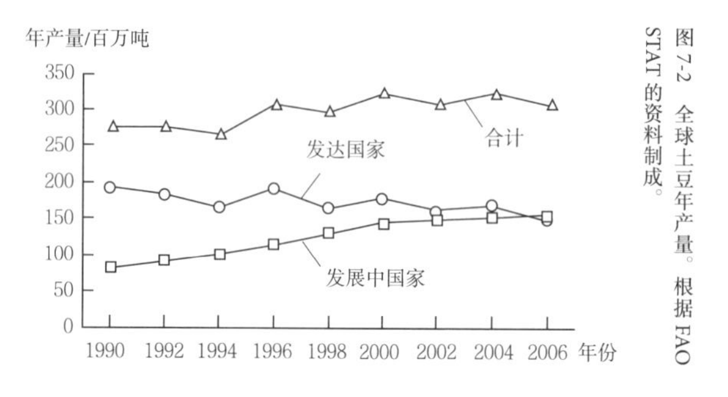

图7-2 全球土豆年产量。根据FAO STAT的资料制成。

其实，2006年我去埃塞俄比亚考察时，看到那里栽培的大量土豆真是吃了一惊。但我所见的仅限于埃塞俄比亚首都亚的斯亚贝巴的周边。据亚的斯亚贝巴大学副教授（文化人类学）盖贝莱·印提索说，埃塞俄比亚的土豆普及好像是近几年才开始的，主要消费人群在城市里。埃塞俄比亚广阔的阿比西尼亚高原有着和安第斯高原相似的冷凉气候，因此当时我想，今后土豆可能也会在非洲遍地开花吧。

不过，从埃塞俄比亚回国后我一查，惊讶地发现非洲竟然有好几个国家都在大量种植土豆。比如，埃塞俄比亚的邻国肯尼亚，19 世纪末就已引进了土豆。土豆一开始是欧洲人在种，消费者也全是欧洲人，后来当地人也开始种了。到了现在，土豆产量大增，已经仅次于玉米，位居第二，2006 年的产量达到了 78 万吨。肯尼亚与土豆的故乡秘鲁一样位于低纬度地带，而且也有着海拔 2 000 米左右的高原，那里正是土豆栽培的中心地。

另外，赤道正下方的卢旺达也是大量栽培土豆的国家。卢旺达在 20 世纪初才引进土豆，可现在土豆已经成为仅次于香蕉的重要农作物。1961 年以来，土豆栽培急速增长，当时产量不满 10 万吨，2005 年则达到了 130 万吨。而现在，卢旺达人均土豆消费量甚至远超德国等国，达到了 124 千克。卢旺达与肯尼亚同在热带，但海拔 1 800 米以上的高原气候冷凉，土豆就主要栽培在那里。

蕴含巨大可能性的土豆

在这种趋势之下，联合国粮食及农业组织（FAO）将 2008 年定为“国际土豆年”，旨在引起全球对土豆等薯芋类农作物的重要性的关注。具体来说，就是以粮食安全保障、削减贫困、生物多样性的可持续发展、农业系统的可持续集约化等研究开发为主，通过土豆的栽培利用对其实施起到促进作用。官方准备了各式各样的活动，期望以此为契机进一步扩大土豆栽培面积。

然而，我们不能对土豆的增产一味地拍手叫好。不为别的，我正是想起了爱尔兰那场大饥荒。前面我们提到，由于爱尔兰人太依赖土豆，结果招来了悲惨的下场。从爱尔兰的例子我们也该知道，太过依赖单一农作物是十分危险的。

同理，日本的粮食结构过于偏重谷物，而且过于依赖进口，不得不说其中也潜伏着危机。

事实上，日本的粮食自给率一直在下降。我念高中时的昭和三十五年（1960 年），日本的粮食自给率为 79%，平成元年（1989 年）时跌破了 50%，2007 年甚至跌破 40% 降到 39%。这个数值到底有多不正常，只要和其他发达国家的粮食自给率比一比就一目了然了。图 7-3 是日本农林水产省调查的 10 个发达国家的粮食自给率，其中日本的自给率

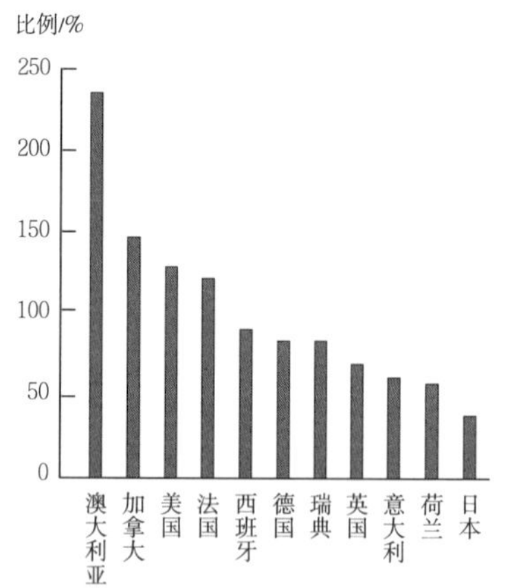

图 7-3　主要发达国家的粮食自给率。根据日本农林水产省的统计资料（2003 年）制成。

明显偏低，在各发达国家之中排名倒数第一。

这张图有个颇值得人深思的地方。粮食自给率较高的10个国家里有6个，即加拿大、法国、美国、德国、英国、荷兰，就是图6-4所显示的土豆生产量较大的国家。这绝不是偶然。因为我们可以推断出，正是土豆给粮食自给率的提高做出了贡献。

另一边，日本的粮食自给率虽然跌到了39%，但还是接近40%，或许有些人会为此松口气，但看了各地的情况之后就绝对松不了气了。粮食自给率超过100%的除了北海道，只有青森、岩手、秋田、山形这东北四县。其他的县大半低于50%，东京只有区区1%，大阪也只有2%（均为2008年的数据）。

这种状态之下，肯定有很多人会心怀不安："这么下去，日本还能不能行啊？"一半以上的食材依靠进口，其食品安全也是令人担忧的一环。而粮食自给率的低下，令那些成长在富余时代的年轻人也产生了莫名的不安。像我这类对"粮食难"时代还保留着些微记忆的人，甚至会对这种状态感到恐惧。毕竟，进口中断、强制节米、忍饥挨饿，这些都只是短短60年前的事。

正是在他人眼中丰衣足食的日本，正是在小麦、玉米等谷物价格高涨和食料供给令人不安的当下，我们才更要学习过去的教训，重新审视蕴含了巨大可能性的土豆等薯芋类农作物的长处，面向未来积极准备。难道不是吗？有人预测，接下来的 20 年间全球平均每年要增加 1 亿人口，地球必然有一天会面临世界性粮食不足的问题。因为各地都已纷纷显露出了这个征兆。

后记

回头看看，我发现自己对土豆的关注已经超过了 40 年。其开端是我大学二年级结束的时候，也就是 1966 年。面临专业课程的选择，我对自己的前途感到迷惘。当时，我遇到了一本改变自己命运的书。那是已故的中尾佐助老师在岩波新书出版的《栽培植物与农耕的起源》。他认为日本的文化起源于照叶树林即常绿阔叶林带，对此展开了一番独特的照叶树林文化讨论，获得了众多关注，这是一本直到现在仍有再版的名著。不过，或许是我学艺不精，当时这本书并未对我产生多大触动。但即便如此，书中还是有一段文字留在了我心中。它并不在众人瞩目的照叶树林文化讨论的章节里，而在关于新大陆农耕文化的那一章中：

> 当我们追寻土豆的起源时，意料之外的事情浮出了水面。土豆当然是发源于新大陆，特别是在调查了玻利维亚、秘鲁的边远地区之后，令人震惊的事情接二连三地出现在了我们眼前。如今那里仍居住着印加文明的子孙，调查他们的土豆田时，我们发现了一连串很像土豆的块茎。

接下来的记述也都围绕着土豆，但之前那句“令人震惊的事情接二连三地出现”实在令我印象深刻。“如今那里仍居住着印加文明的子孙”也充满了魅力。那之后，这段文字在我心里扎下了神奇的根，即便时光流逝也未曾消失。最后，我决定去玻利维亚和秘鲁会会那些印加文明的子孙，亲眼看看他们的土豆田。

让我的想法变成现实的是“前言”中提到的1968年安第斯高原栽培植物调查。那以后，我以安第斯地区为中心，开始了跨越40年的田野调查。并且，在这过程中我渐渐把注意力集中到了土豆上。特别是本文中介绍过的我在马卡帕塔村原住民家中的生活，以及在国际土豆中心担任访问学者的经历，对我产生了重大的影响。

2008年1月，在即将结束本书的写作之前，我访问了国际土豆中心。了解了最近的活动状况后，我也得知了一个令人震惊的消息。国际土豆中心虽然是以欧美为中心召集世界各国研究者的研究机构，但据说这里已经十几年没有进驻日本研究者了。很早以前，国际上就在强调日本为世界做贡献的必要性，但实际却是这种状态，我真是万分惊讶。为了保障日本今后的粮食安全，向国际土豆中心这类国际农业研究中心派遣日本研究者，及时了解世界粮食的动向是非常必要的。

其实，我撰写本书除了想告诉大家土豆为人类发展做出的巨大贡献，也希望尽可能吸引年轻读者关注土豆等农作物，期望大家能通过相关研究为解决世界粮食问题尽一份力。就像当初我恰好读到了中尾老师的著作，对土豆和安第斯高原产生兴趣一样。

构成本书根基的调查工作得到了许多人的帮助，篇幅有限，在此仅向在日本的调查中提供帮助的人员表示感谢。首先，本书涉及的地域极广，对其历史进行描述时很多地方都超过了我现有的能力。因此，我向许多这些方面的专家寻求了建议。他们是稻村哲也（爱知县立大学）、鹿野胜彦（金泽大学）、菊泽律子·斋藤晃（国立民族学博物馆）、末原达郎（京都大学）、藤仓雄司·本江昭夫（带广畜产大学）、真山滋志（神户大学）等诸位老师。另外，在北海道和青森县进行田野调查时，也承蒙氏家等（原北海道开拓纪念馆）、樱庭俊美（原小川原湖民俗博物馆）、神野正博（神野淀粉工厂）、西山和子（原青森县野边地地区农业开发中心）、已故的平冈荣松（平冈淀粉工厂）的照顾。

本书的出版也得到了许多人的支持。首先，岩波新书编辑部的太田顺子小姐担任了本书的编辑，为本书提供了原始构想，那是在 3 年以前。之后，在太田顺子小姐明确的指示和激励下，我总算完成了本书。其次，执笔本书时我在国立民族学博物馆检索和借阅了大量文献，图书管理员近藤友子小姐和冈岛礼子小姐尽心尽力地为我提供了帮助。而我研究室的秘书山本祥子小姐在原稿的文字输入、制作图表、校正等处给我提供了全方位的协助。

在此，请允许我向所有提供帮助的人致以最崇高的谢意。

山本纪夫

2008 年 4 月 大阪·千里

首次发表

第 1 章和第 2 章《土豆与印加帝国》（东京大学出版会）

第 4 章《喜马拉雅的环境志》（八坂书房）

（上述章节都在写作本书时进行了大幅改写。）

参考文献

青森県環境生活部文化・スポーツ振興課県史編さん室. 青森県史叢書: 小川原湖周辺と三本木原台地の民俗[M]. 2001.

青森県教育会. 青森県地誌[M]. 大和学芸図書, 1978.

アコスタ, ホセ・デ. 新大陸自然文化史: 上、下[M]//増田義郎. 大航海時代叢書. 東京: 岩波書店, 1966.

伊東俊太郎. 講談社学術文庫: 文明の誕生[M]. 東京: 講談社, 1988.

インカ・ガルシラーソ・デ・ラ・ベーガ. インカ皇統記1: 上、下[M]//牛島信明. 大航海時代叢書エクストラシリーズ. 東京: 岩波書店, 1985.

江上波夫. 江上波夫著作集2: 文明の起源とその成立[M]. 東京: 平凡社, 1986.

大槻磐水. 江戸科学古典叢書31: 蘭畹摘芳[M]. 東京: 恒和出版, 1980.

奥村繁次郎. 家庭和洋料理法[M]. 東京: 大学館, 1905.

香川芳子. 五訂増補食品成分表2006[M]. 埼玉: 女子栄養大学出版部, 2005.

鹿野勝彦. シェルパ　ヒマラヤ高地民族の二〇世紀[M]. 茗渓堂, 2001.

金原左門, 竹前栄治. 昭和史——国民のなかの波乱と激動の半世紀[M]. 有斐閣, 1982.

加茂儀一. 食物の社会史[M]. 東京: 角川書店, 1957.

川北稔. 世界の食文化17: イギリス[M]. 東京: 農山漁村文化協会, 2006.

寛雲老人. 甲斐志料集成第一: 津久井日記[M]. 歴史図書社, 1981.

敬学堂主人. 西洋料理指南[M]. 雁金書屋, 1872.

経済雑誌社. 徳川実紀[M]. 経済雑誌社, 1907.

日本国立天文台. 理科年表[M]. 大阪: 丸善株式会社, 2007.

小菅桂子. にっぽん洋食物語[M]. 東京: 新潮社, 1983.

ゴッホ V. ゴッホの手紙[M]//三好達治. 世界教養全集12. 東京: 平凡社, 1973.

小林寿郎. 勧農叢書: 馬鈴薯[M]. 有隣堂, 1892.

斎藤英里. 19世紀のアイルランドにおける貧困と移民——研究史的考察[J]. 三田学会雑誌, 1985, 78(3):82-92.

斎藤美奈子. 岩波アクティブ新書: 戦下のレシピ——太平洋戦争下の食を知る[M]. 東京: 岩波書店, 2002.

笹沢魯羊. 下北半嶋史[M]. 復刻版. 東京: 名著出版, 1978.

ザッカーマン, ラリー. じゃがいもが世界を救った——ポテトの文化史[M]. 関口篤, 訳. 東京: 青土社, 2003.

ザッカーマン W T, マリーノ J J. 現代文化人類学6: 新大陸の先史学[M]. 大貫良夫, 訳. 東京: 鹿島研究所出版会, 1972.

シエサ・デ・レオン. 大航海時代叢書: インカ帝国史[M]. 増田義郎, 訳注. 東京: 岩波書店, 1979.

シエサ・デ・レオン. アンソロジー・新世界の挑戦5: 激動期アンデスを旅して[M]. 染田秀藤, 訳. 東京: 岩波書店, 1993.

昭和女子大学食物学研究室. 近代日本食物史[M]. 東京: 近代文化研究所, 1971.

高野長英. 日本農書全集70 学者の農書2: 救荒二物考[M]. 佐藤常雄ほか, 編. 吉田厚子, 訳. 東京: 農山漁村文化協会, 1996.

丹治輝一. 馬鈴薯澱粉製造法の技術的改善について——戦前の在来工場の場合[J]//北海道開拓記念館. 北海道開拓記念館研究年報: 第17号, 1989, 109-122.

月川雅夫. 長崎ジャガイモ発達史[M]. 長崎: 長崎県種馬鈴薯協会, 1990.

ツンベルグ. 異国叢書4: ツンベルグ日本紀行[M]. 山田珠樹, 訳. 東京: 雄松堂書店, 1975.

東京割烹講習会. 馬鈴薯のお料理[G]. 東京: 東京割烹講習会, 1920.

ドッジ B S. 世界を変えた植物——それはエデンの園から始まった[M]. 白幡節子, 訳. 東京: 八坂書房, 1988.

中尾佐助. 農業起源論[M]//森下・吉良. 今西錦司博士還暦記念論文集: 自然——生態学的研究. 東京: 中央公論社, 1967.

中原為雄. 北海道における馬鈴薯澱粉製造技術の変遷[M]//山崎俊雄, 前田清志. 日本の産業遺産——産業考古学研究. 東京: 玉川大学出版部, 1986.

中道, 等. 十和田村史: 下巻[M]. 青森県上北郡十和田村役場, 1955.

鳴沢村誌編纂委員会. 鳴沢村誌[M]. 長野: 三郷村誌刊行会, 1988.

日置順正. 斜里町の澱粉生産について[J]. 知床博物館研究報告, 1991, 13:31-64.

ピース F, 増田義郎. 図説インカ帝国[M]. 義井豊, 写真. 東京: 小学館, 1988.

ピサロ, ペドロ. ピルー王国の発見と征服[M]//増田義郎. 大航海時代叢書第2期16: ペルー王国史. 東京: 岩波書店, 1984.

星川清親. いも——見直そう土からの恵み[M]. 埼玉: 女子栄養大学出版部, 1985.

星川清親. 栽培植物の起原と伝播[M]. 東京: 二宮書店, 1978.

北海道廳内務部. 馬鈴薯澱粉ニ関スル調査[G]. 北海道: 北海道廳内務部, 1917.

ホブハウス, ヘンリー. 歴史を変えた種——人間の歴史を創った5つの植物[M]. 阿部三樹夫, 森仁史共, 訳. 東京: パーソナルメディア株式会社, 1987.

南直人. 世界の食文化18: ドイツ[M]. 東京: 農山漁村文化協会, 2003.

南直人. ヨーロッパの舌はどう変わったか——十九世紀食卓革命[M]. 東京: 講談社, 1998.

ミラー K, ワグナー P. アイルランドからアメリカへ——700万アイルランド人移民の物語[M]. 茂木健, 訳. 東京: 東京創元社, 1998.

ムーディ T W, マーチン F X. アイルランドの風土と歴史[M]. 堀越智, 訳. 東京: 論創社, 1982.

メイヒュー, ヘンリー. ロンドン路地裏の生活誌（上）——ヴィクトリア時代[M]. 植松靖夫, 訳. 東京: 原書房, 1992.

森山泰太郎, 等. 日本の食生活全集2: 聞き書 青森の食事[M]. 東京: 農山漁村文化協会, 1986.

矢島睿, 等. 日本の食生活全集1: 聞き書 北海道の食事[M]. 東京: 農山漁村文化協会, 1986.

山本紀夫. 作物と家畜が変えた歴史——もう一つの世界史[M]//川田順造, 大貫良夫. 生態の地域史. 東京: 山川出版社, 2000.

山本紀夫. 伝統農業の背後にあるもの——中央アンデス高地の例から[M]//田中耕司. 自然と結ぶ——農にみる多様性.京都: 昭和堂, 2000.

山本紀夫. ジャガイモとインカ帝国——文明を生んだ植物[M]. 東京: 東京大学出版会, 2004.

山本紀夫. 山岳文明を生んだアンデス農業とそのジレンマ[M]//梅棹忠夫, 山本紀夫. 山の世界 自然・文化・暮らし. 東京: 岩波書店, 2004.

山本紀夫, 稲村哲也. ヒマラヤの環境誌——山岳地域の自然とシェルパの世界[M]. 東京: 八坂書房, 2000.

ラウファー, ベルトルト. ジャガイモ伝播考[M]. 福屋正義, 訳. 東京: 博品社, 1994.

* BAUHIN C. Prodromos；theatri botanici[M]. Frankfurt, 1620.

BURGER R L, VAN DER MERWE N J. Maize and the origin of highland Chavín civilization: an isotopic perspective[J]. American Anthropologist, 1990, 92(1):85-95.

DONNELLY J S. The great Irish potato famine[M]. Phoenix Mill, U.K.: Sutton Publishing, 2001.

DURR G, LORENZL G. Potato production and utilization in Kenya[M]. Lima, Peru: Centro Internacional de la Papa, 1980.

MORTON E F. The state of the poor: volume one[M]. New York: Augustus M. Kelley Publisher, 1965.

FÜRER-HAIMENDORF C V. The sherpas of Nepal: buddhist highlanders[M]. New York: Sterling Publishers, 1964.

* GERARD J. The herball; or, general historie of plantes[M]. London, 1597.

GRAY P. The Irish famine[M]. London: Thames & Hudson, 1995.

GUAMAN P A F. Nueva córonica y buen gobierno[M]. Mexico: Siglo XXI/IEP, 1980(1613).

HAWKES J G. The potato, evolution, biodiversity and genetic resources[M]. London: Belhaven Press, 1990.

HAWKES J G, FRANCISCO-ORTEGA J. The potato in Spain during the late 19th century[J]. Economic Botany, 1992,46(1): 86-97.

HOOKER J D. Himalayan journals: notes of a naturalist[M]. New Delhi: Today & Tomorrow's Printers & Publishers, 1855.

HORTON D. Potatoes: production, marketing, and programs for developing countries[M]. Boulder, CO: Westview Press, 1987.

KOLATA A. The Tiwanaku: portrait of an Andean civilizataion[M]. Cambridge: Blackwell Publ, 1993.

LANGER W L. American foods and Europe's growth 1750-1850[J]. Journal of Social History, 1975, 8(2): 51-66.

LITTON H. The Irish Famine: an illustrated history[M]. Dublin: Wolfhound Press, 1994.

DE MATIENZO J. Gobierno del Perú[M]. Travaux del'Institut Francais d'Etude Andines. Paris: T. XI. Institut Francais d'Etude Andines, 1967(1567).

* PHILIPS H. History of cultivated vegetables[M]. London, 1822.

ROWE J H. Urban settlements in ancient Peru[M]. Ñawpa Pacha, 1963, 1:1-37.

SALAMAN R N. The history and social influence of the potato[M]. Cambridge: Cambridge University Press, 1949.

* DE SERRES O. Théatre d'agriculture et mesnages des champs[M]. Paris, 1802(1600).

STEVENS S F. Claiming the high ground: sherpas, subsistence, and environmental change in the highest Himalaya[M]. Delhi: Motilal Banarsidass, 1996.

TEUTEBERG H, WIEGELMANN G. Der wandel der nahrungsgewohnheiten unter dem einfluβ der industrialisierung[M]. Göttingen: Vandenhoeck & Ruprecht Verlag, 1972.

TURNER M. After the famine: Irish agriculture 1850-1914[M]. Cambridge: Cambridge University Press, 1996.

WALTON J K. Fish and chips and the British working class, 1870-1949[M]. Leicester: Leicester University Press, 1992.

WOODHAM-SMITH C. The great hunger: Ireland 1845-1849[M]. London: Penguin Books, 1962.

WOOLFE J A. The potato in the human diet[M]. Cambridge: Cambridge University Press, 1987.

（带 * 号的为作者未能直接进行参考的文献）

图书在版编目（CIP）数据

土豆的世界史：文明、饥荒与战争/（日）山本纪夫著；林枫译. --重庆：重庆大学出版社，2022.5

书名原文：Jagaimo no Kita Michi：Bunmei，Kikin，Senso

ISBN 978-7-5689-3212-7

Ⅰ.①土… Ⅱ.①山… ②林… Ⅲ.①马铃薯—历史—普及读物 Ⅳ.①S532-49

中国版本图书馆CIP数据核字（2022）第054135号

土豆的世界史：文明、饥荒与战争

TUDOU DE SHIJIESHI: WENMING、JIHUANG YU ZHANZHENG

[日] 山本纪夫　著

林枫　译

责任编辑：赵艳君　钟　祯　　版式设计：赵艳君

责任校对：陈　力　　责任印制：赵　晟

重庆大学出版社出版发行

出版人：饶帮华

社址：重庆市沙坪坝区大学城西路21号

邮编：401331

电话：（023）88617190　88617185（中小学）

传真：（023）88617186　88617166

网址：http：//www.cqup.com.cn

邮箱：fxk@cqup.com.cn（营销中心）

全国新华书店经销

重庆市正前方彩色印刷有限公司印刷

开本：890 mm × 1240 mm　1/32　印张：6.25　字数：127千　插页：32开/页

2022年7月第1版　　2022年7月第1次印刷

ISBN　978-7-5689-3212-7　　定价：46.00元

审图号：GS（2022）3081号

本书如有印刷、装订等质量问题，本社负责调换

JAGAIMO NO KITA MICHI:BUNMEI,KIKIN,SENSO by Norio Yamamoto

Originally published in 2008 by Iwanami Shoten,Publishers,Tokyo.

This simplified Chinese edition published 2022 by CHONGQING UNIVERSITY PRESS,Chongqing

by arrangement with Iwanami Shoten,Publishers,Tokyo.

The simpilified Chinese translation rights arranged through Bardon-Chinese Media Agency.

版贸核渝字（2017）第 272 号